云南数字水文系统设计

李自顺　张春会　陈玉斌　季克强　陈绍祥　李增国　编著

天津出版传媒集团

天津科学技术出版社

图书在版编目(CIP)数据

云南数字水文系统设计 / 李自顺等编著 . -- 天津:
天津科学技术出版社,2023.6
ISBN 978-7-5742-0746-2

Ⅰ.①云… Ⅱ.①李… Ⅲ.①水利系统 – 数字系统 –
系统设计 – 云南 Ⅳ.①TV

中国国家版本馆 CIP 数据核字(2023)第 077199 号

云南数字水文系统设计
YUNNAN SHUZI SHUIWEN XITONG SHEJI
责任编辑:陈震维
责任印制:王品乾

出　　版: 天津出版传媒集团
　　　　　 天津科学技术出版社
地　　址:天津市和平区西康路 35 号
邮　　编:300051
电　　话:(022) 23332369
网　　址:www.tjkjcbs.com.cn
发　　行:新华书店经销
印　　刷:天津市云海印刷有限公司

开本 787×1092　1/16　印张 14.5　字数　260 000
2023 年 6 月第 1 版第 1 次印刷
定价:68.00 元

编 委 会

前　　言

　　《云南数字水文系统设计》是推进云南水文监测改革和对社会服务转型的迭代深化，是云南立足新发展阶段、贯彻新发展理念、构建新发展格局的重大战略举措，是统筹运用数字技术、网络技术、数据库技术贯穿到水文测验、资料整编、成果应用的设计全过程，是更全面、更精准、更快捷地整体推动全省水文工作方式、精准化服务、提升质量及提高效率变革，是实现河（湖）水文映射工程相关的基础性工作，是水文专业生产应用技术的源驱动科技创新改革，是对传统"监测·整编·应用"作业模式的拓展和升级，是静态"四随"（随测、随算、随整理、随分析）到动态"五落实"（落实随测、落实随算、落实随整理、落实随分析、落实随处理）的切实转变，并着实促使水文监测工作质量提升且实现资料整编"日清月结"到"时清日结"。

　　应用开发完成的《云南数字水文系统》实现云南水文"在线视频-在线数据-在线整编-在线汇交-在线应用-排版集成-数据库"集成功能，达成使用云南"同数一源"的"云南水文数据库"成果数据，为河（湖）长制及社会相关部门提供实时水文信息支撑。

　　本书稿由编委会全体人员共同努力完成，李自顺执笔第一章，张春会执笔第四、五、八章和附录，陈玉斌执笔第七章，季克强执笔第二章，陈绍祥执笔第三章，李增国执笔第六章。全书由李自顺、张春会、陈玉斌统稿，其余编委分别按各章节内容要求进行材料准备、资料复核、文本完善及印件校稿，蔡云华审查，李伯根审定。

　　本书编写过程中，得到了水利部信息中心、水利部海河水利委员会、水利部珠江水利委员会、云南省水文水资源局等单位和专家的指导帮助，在此表示衷心的感谢！

　　由于作者水平与时间有限，对有些问题的认识和研究还有待进一步深入，不足之处恳请读者批评指正。

编著者

2020 年 12 月于昆明

目　　录

第一章　云南数字水文简介

第一节　云南数字水文概念

数字:是将特定区域许多复杂多变的实时信息按规则转变为可以度量使用的数据及相关信息。数字水文:是水文数据、文字、图像、语音等实时信息的归类综合体。云南数字水文:是使用云南省业内业外监测水文站从建站至今"同数一源"的"云南水文数据库"成果数据为河(湖)长制及社会相关部门提供实时水文信息支撑,包括云南数字水文标准、《云南数字水文系统》及云南数字水文云。云南数字水文系统:是实施"云南数字水文"工作相关子系统的总称,包括《水文测站在线视频平台》《水文资料在线数据系统》《水文资料在线整编系统》《水文监测资料在线汇交系统》《水文资料在线应用系统》《水文年鉴排版集成系统》及《水文资料数据库系统》子系统,是对传统"监测-整编-应用"作业模式拓展和升级,呈现技术特点"实时、唯一、精准"。

《云南数字水文系统》完成"在线视频-在线数据-在线整编-在线汇交-在线应用-排版集成-数据库"集成功能:《水文测站在线视频平台》解决水文测站视频管理及视频应用问题;《水文资料在线数据系统》解决在线监测数据采集接收及处理交互问题;《水文资料在线整编系统》解决数据填报、资料整编、成果输出等问题;《水文监测资料在线汇交系统》解决汇交标准文本格式数据文件及电子文档数据文件筛选处置入库问题;《水文资料在线应用系统》解决成果数据实时出库应用问题;《水文年鉴排版集成系统》解决自动读数据与自动排版问题;《水文资料数据库系统》解决从建站至今"云南水文数据库"建库导库及计算查询问题,做到"云南水文数据库"成果数据"同数一源"。通过《云南数字水文系统》着实体验数字水文带来的全面、精准、快捷实效。"云南数字水文"总体架构见图1-1,1-2。

《云南数字水文系统》具体关联：

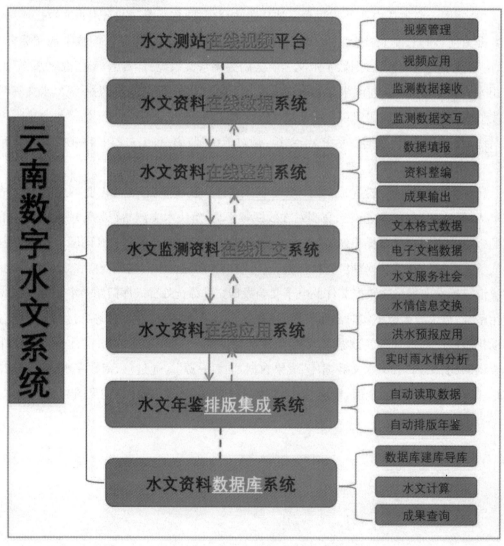

图1-1 云南数字水文架构(一)

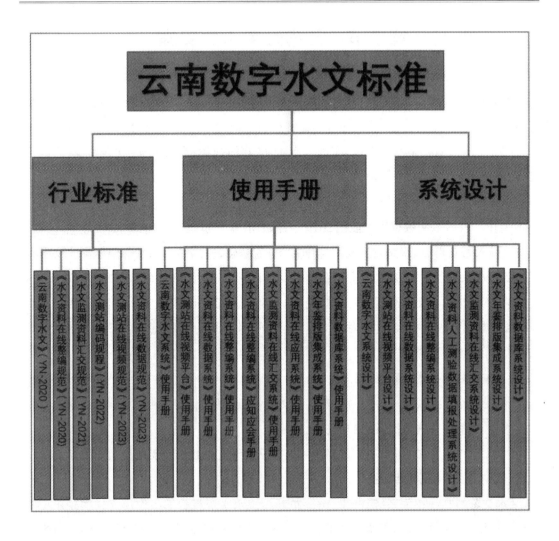

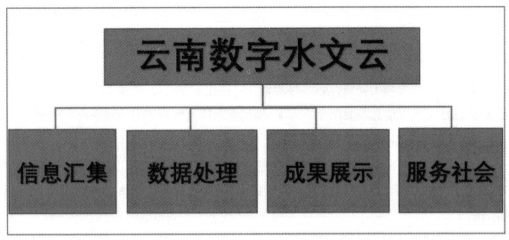

图1-2　云南数字水文架构(二)

第二节　云南数字水文实施

数字意味着通讯和信息在时间上可以"当下""即刻""实时""瞬间"由此及彼。数字信息是水文的载体,水文作用靠水文数字信息体现。水文数据、文字、图像、语音等实时信息归类综合体是水文数字之本,它将随互联网+数据储存技术的发展而巨变。"云南数字水文"旨在依托《云南数字水文系统》实现云南水文"在线视频-在线数据-在线整编-在线汇交-在线应用-排版集成-数据库"集成功能。完成:①水文监测、数据填报、资料整编、成果数据入库工作;②云南历史水文资料整编成果及历史洪水调查成果【从开始建站至2018年】的"云南水文数据库"建库【2019年开始用《水文资料在线整编系统》数据库统一接纳数据入库】,再以《水文资料在线整编系统》为基础,协助整合测水部门监测水文数据信息接收处理平台并学习《水文资料在线整编规范》技术规定,统一培训使用《水文资料在线整编系统》,按《水文监测资料汇交规范》及《水文监测资料在线汇交系统》完成专属汇交资料成果数据接收及导入,进而对水文要素信息适时查询及应用,做到"云南水文数据库"成果数据信息"同数一源"。

1.2.1　《水文测站在线视频平台》开发

《水文测站在线视频平台》开发,解决水文测站视频管理及视频应用问题。

1.2.2　《水文资料在线数据系统》开发

《水文资料在线数据系统》开发,解决水文测站在线监测数据采集接收、处理交互问题。

1.2.3　《水文资料在线整编系统》开发

《水文资料在线整编系统》开发,解决革新传统水文资料整编工作模式并实现水文资料在线整编问题。在"确保质量、提高精度、凸现效率"践行原则指导下,采用互联网+数据存储技术,应用"数据填报、资料整编、实时统计、水文计算、成果查询、成果输出"功能模块,实现静态(年度)水文资料整编向动态(实时)水文资料整编转变,以"五落实"为抓手,做到"实时填报数据、实时对照复核、实时推求流量、实时展示成果",测站资料整编工作及分局资料审查工作于当天完成,达到"时清日结",简化工作流程,解决工作时效问题,所有测站监测的水文数据信息按时限要求入库(整编数据库),整汇编时间和人力得到解放。

1.2.4　《水文监测资料在线汇交系统》开发

《水文监测资料在线汇交系统》开发,解决水文监测资料汇交标准文本格式数据文件和标准电子文档数据文件导入"云南水文数据库"筛选处置问题,同时实时提供水文服务社会功能。

1.2.5　《水文资料在线应用系统》开发

《水文资料在线应用系统》开发,解决从建站至今成果数据实时出库应用问题。

1.2.6 《水文年鉴排版集成系统》开发

《水文年鉴排版集成系统》开发,解决自动读数据与自动排版问题。

1.2.7 《水文资料数据库系统》开发

《水文资料数据库系统》开发,解决"云南水文数据库"建库导库及"水文计算"及"成果查询"问题。

1.2.8 开展"云南水文数据库"建库

云南省早期的水文成果数据及历史洪水调查成果以纸介质形式存在,期间限于技术条件,数据库成果数据均用人工方式进行录入;后期整编成果按相关要求导入数据库。因各种因素制约,数据库中的成果数据均存在不连续、不完整等现象,不能满足社会发展需要。

为彻底解决社会对水文数据成果需求,需以《水文资料数据库系统》为依托,完成各站点历史水文资料整编成果及历史洪水调查成果数据库(历史数据库)建库:一方面对缺少的、不完整的历史水文资料整编成果及历史洪水调查成果数据进行填充,完成数据库中各表项数据查缺补漏;另一方面把完整弄全的各年份数据库数据导入到"云南水文数据库"。从此,无网状态下单机版"云南水文数据库"建成。

1.2.9 整合测水部门信息接收平台

依据《水文监测资料汇交管理办法》,协助上级管理单位整合所有测水部门监测水文数据信息接收处理平台并学习《水文资料在线整编规范》技术规定,配合上级管理单位统一培训使用《水文资料在线整编系统》进行实时资料整编,将其年度成果数据按《水文监测资料汇交规范》要求导入"云南水文数据库"。

1.2.10 使用"同数一源"的"云南水文数据库"提供信息

以《水文资料数据库系统》"云南水文数据库"为依托,做到云南水文数据信息"同数一源"专业应用及对测水部门统一提供水文数据信息,着实解决实时水资源计算分析、应用问题。

1.2.11 "云南数字水文"工作目标、理念、责任、内容

"云南数字水文"工作目标:应用《云南数字水文系统》实现云南水文"在线视频-在线数据-在线整编-在线汇交-在线应用-排版集成-数据库"集成功能,达成使用《水文资料数据库系统》建立云南省各测水部门水文站从建站至今"同数一源"的"云南水文数据库"成果数据为河(湖)长制及社会相关部门提供实时水文信息支撑。

"云南数字水文"工作理念:(1)专业精神:科学、求实、创新;(2)行动要务:解放思想、改变观念、统一认识、齐心行动、实时学习;(3)践行原则:确保质量、提高精度、凸现效率<视频监控,自传数据>;(4)时效规则:当下、即刻、实时<实时填报数据、实时对照复

核、实时推求流量、实时展示成果>;(5)工作准则:认真、严谨、精准<时清日结,当天完成整编及审查工作>;(6)量化评价:流量施测、拦截处理、推流推沙、合理性检查;(7)运行前提:"五落实"到位、在线监测数据准确、动态 $Z \sim Q$ 合理;(8)技术特点:实时、唯一、精准;(9)数字要求:同数一源、网络畅通、关注落实;(10)保障安全:网络安全、数字安全、信息保密。

"云南数字水文"工作责任:"云南数字水文"已经进入"在线"时代,唯有一次性做实"在线"之时效规则[当下、即刻、实时]、工作准则[认真、严谨、精准]、量化评价[流量施测、拦截处理、推流推沙、合理性检查]及五落实[落实随测、落实随算、落实随整理、落实随分析、落实随处理],依托《水文资料在线整编系统》之数据填报、数据处理、信息复核、过程查补、拦截处理、异常日志、表格对照、图形检查、错情核改、信息连贯等技术环节实作,且均由数据填报人完成,并尽可能一次性做到不产生错情或全面消灭错情,确保各个技术环节独立、全面,提升总体时效。工作过程走形式工序、淡化工作责任、不讲工作实效、相互制约、相互依赖、推诿扯皮、有力无功等作业模式已属过往并失效。故,每个"云南数字水文"工作岗位人员责任是把各个具体实作技术环节步骤全部作业到位,并确保资料成果实时、唯一、精准。

"云南数字水文"工作内容:(1)开发完善《云南数字水文系统》【即《水文测站在线视频平台》《水文资料在线数据系统》《水文资料在线整编系统》《水文监测资料在线汇交系统》《水文资料在线应用系统》《水文年鉴排版集成系统》及《水文资料数据库系统》】功能;(2)开展各项目水文要素监测(除在线自动监测数据外,使用《水文测站在线视频平台》做好视频管理、视频应用及人工测验工作);(3)开展《水文资料在线数据系统》(监测数据接收及监测数据交互)应用;(4)开展《水文资料在线整编系统》实时人工测验数据填报、实时统计对照复核、实时流量施测、实时拦截处理、实时推流推沙、实时成果输出、实时合理性检查;(5)开展《水文资料在线整编系统》实时水文资料整编、审查(当日完成);(6)开展《水文资料在线整编系统》水文资料复审、汇编(年度完成);(7)开展单机《水文年鉴排版集成系统》卷册水文年排版;(8)开展《水文资料在线应用系统》(水情信息交换、洪水预报应用、水情水资源分析)应用;(9)开展《水文监测资料汇交规范》要求的《水文监测资料在线汇交系统》汇交标准文本格式数据文件和标准电子文档数据文件导入"云南水文数据库"筛选处置;(10)开展单机《水文资料数据库系统》历史成果数据【从建站开始至今】"云南水文数据库"建库导库、"水文计算"及"成果查询",提供相应成果数据适时应用;(11)开展适应《云南数字水文系统》内容增加、拓展及演变。

第三节 云南数字水文系统介绍

1.3.1 《水文测站在线视频平台》介绍

《水文测站在线视频平台》(图1-3)采用互联网+"云"技术对全省水文测站视频实现了系统管理、内容管理、设备管理、视频地图、视频监控、历史视频、视频应用等功能。

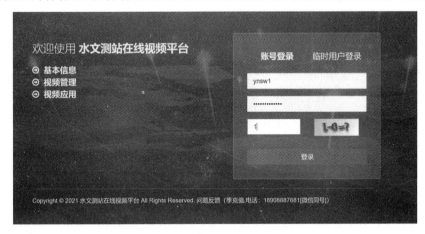

图1-3 水文测站在线视频平台登录平台

1.3.2 《水文资料在线数据系统》介绍

《水文资料在线数据系统》(图1-4)分为在线监测数据接收、在线监测数据统计交换2个模块。

在线监测数据接收模块解决了多源数据融合融通问题,让多源非标准数据可以统一数据格式,为水文资料在线整编系统提供实时性,一致性,可靠性的基础数据,由测站信息管理、RTU传感器参数远程管理、时钟自动修正、历史数据查看、远程数据下载和系统管理及分析应用等方面的问题,实现对中断数据自动远程补录、对时钟误差自动校正、对异常拦截提醒和补录过程替换。

图1-4 水文资料在线数据系统登录平台

在线监测数据统计交换模块按交换轮询时间将数据同步交换到校审数据库中,同时支持数据接收模块对历史数据更新覆盖。

1.3.3 《水文资料在线整编系统》介绍

水文资料在线整编是采用互联网技术与在线监测设备对各类水文要素监测资料进行实时整编,输出符合质量标准的成果的过程。

《水文资料在线整编系统》(图1-5)是集数据交互、存储、处理、动态推流推沙、计算整编、成果检查、图表制作、成果编排输出于一体,开展在线整编和资料成果互审互查的整汇编软件系统。

《水文资料在线整编系统》将固定信息及人工测验数据填报、在线监测数据处理、流量断沙推求、成果输出等内容有机集成整合在线处理,实现静态(年度)水文资料整编向动态(实时)水文资料整编转变,在确保资料质量、提高资料精度及提高工作效率的前提下实施水文资料在线整编,切实解决水文资料整编时效性问题。系统把在线整编落实随测、落实随算、落实随整理、落实随分析、落实随处理"五落实"工作落到实处,抑制在线监测数据源头误差产生,同时全面整合人工填报数据及在线监测数据的关联,突破将所有实测流量收集完整才能定线推流的工作模式,,达成见到数据即见到整编成果表格。建立了在线整编动态水位流量关系曲线理论"采用已定或及时校正的曲线进行实时推求流量[$Q=f(Z_0)+\Delta Q$,其中:Q—推求流量(m^3/s);$f(Z_0)$—已定曲线流量(m^3/s);ΔQ—校正流量(m^3/s)]",校正曲线的具体做法是:使用实测流量点单次流量测验精度及相对误差精度指标确认判断测站控制因素变化是否属实,且依据趋势线校正曲线实时推流。系统以实时自动方式编排符合《水文资料整编规范》及《水文年鉴汇编刊印规范》要求的单站水文资料综合成果(含单表)、单站水文资料整编成果(含单表)、单站降水蒸发整编成果(含单表)、分局降水蒸发整编成果、水文年鉴编排数据、水文年鉴,完成了"数据填报、数据处理、流量断沙推求、成果输出"集成功能,做到了"实时填报处理,实时对照复核,实时推流推沙,实时成果输出",使测站资料整编工作及分局资料审查工作于当天完成,达到"时清日结",实现了水文资料实时自动整编梦想。

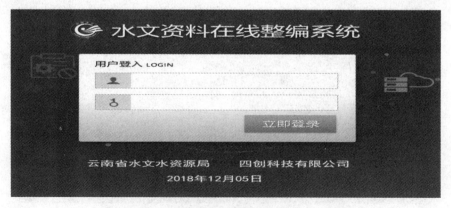

图1-5 水文资料在线整编系统登录平台

《水文资料在线整编系统》设有3个数据库:①不同产商设备的在线监测数据均需按统一整合要求实时同步进入原始数据库;②对原始数据库的在线监测数据进行实时复核校审后同步进入校审数据库;③通过本单位特定注册专用VPN登录,将校审数据库的在线监测数据及人工填报的测验数据、说明信息等按实时同步进入整编数据库,整编数据库汇集全省所有水文资料数据信息及实时计算统计的各表项整编成果,该数据库由系统确定为仅供隶属本省区水文局专管专用,其余任何部门或单位均无合法门路对封闭性的整编数据库信息进行任何方式的读取查阅等操作。

1.3.4 《水文监测资料在线汇交系统》介绍

《水文监测资料在线汇交系统》开发,解决水文监测资料汇交标准文本格式数据文件和标准电子文档数据文件导入"云南水文数据库"筛选处置问题,同时实时提供水文服务社会功能。

1.3.5 《水文资料在线应用系统》介绍

《水文资料在线应用系统》(图1-6)解决水文资料在线整编、水情信息交换、洪水预报三个业务系统间数据交换的问题,从而实现水文资料在线整编、水情报汛报旱、洪水预警预报、水资源公报等工作数据"同数一源"。系统分为水情信息交换、洪水预报应用及实时雨水情分析3个模块。

水情信息交换模块按照《实时雨水情数据库表结构与标识符》(SL323-2011)要求,自动轮询将在线整编成果数据实时处理成标准格式后交换至《实时雨水情数据库》,然后用全国通用的水情信息交换软件将数据交换至指定单位,完成利用在线整编成果数据进行报汛报旱的任务,最终实现所有连接《实时雨水情数据库》的水情业务系统数据与在线整编数据保持一致,解决整编与报汛报旱数据两张皮的问题。

洪水预报应用模块可根据开展洪水预警预报工作需求,将在线整编成果及时导入洪水预报系统,利用在线整编成果及时对预报方案参数进行率定,从而提高工作效率和洪水预警预报方案精度。

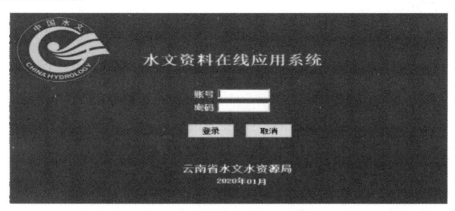

图1-6 水文资料在线应用系统登录平台

实时雨水情分析模块可根据工作需要,通过人工触发后快速提取在线整编数据,及时完成阶段雨水情分析,使在线整编成果成为水旱灾害防御及调度决策工作的重要依据。

1.3.6 《水文年鉴排版集成系统》介绍

《水文年鉴排版集成系统》是一个针对水文年鉴各类表格文本数据的编排与集成系统,系统能自动读取指定文本格式的编排数据文件,并根据规范要求自动处理数据,自动将数据填入预先设定的图表模板内且自动完成图表格式设定(包括表格的宽度和高度、对齐方式等),自动编排水位、水文站资料索引表及页码,自动编排降水、水面蒸发量站一览表资料索引表及页码,自动统计年度编排水位、水文站及降水量、水面蒸发量站资料的站年数,自动生成流域水文年鉴的说明资料和正文资料目录,自动将水文年鉴中说明资料和正文资料的单个或多个表格项目编排成册,编排符合《水文年鉴汇编刊印规范》对水位、流量、泥沙、水温、气温、降水、蒸发等项目表格要求的《水文年鉴》PDF电子书。

1.3.7 《水文资料数据库系统》介绍

《水文资料数据库系统》是在单机无网状态下完成对"云南水文数据库"数据导入、数据修改、水文计算、成果查询、数据导出等实作的工具软件。功能包含:①"云南水文数据库"建库、导库;②水文计算[P3型频率曲线](59个表项要素);③成果查询[成果数据查询](66个表项要素),详见表1-1~3。

表1-1　云南水文数据库

序号	项目	具体操作	功能说明
1	单个数据	①使用《水文资料数据库系统》建立"云南水文数据库";②对数据库中数据内容查询、修改;③对数据库中数据分别以文档或文件形式导入、导出。	对数据库中的"单个数据"可修改。
2	单表数据		对数据库中的"单表数据"可查询、导出。
3	单站数据		对数据库中的"单站数据"可查询、导出。
4	分局总数据		对"分局总数据"可导入、导出。
5	卷册数据		对"卷册数据"可导入、导出。
6	全省年度总数据		对"全省年度总数据"可导入、导出。

表1-2　水文资料"水文计算"[P3型频率曲线](59个表项要素)表

序号	项目	表项要素
1	水位	年最高水位、年最低水位、年平均水位、保证率水位【最高、15天、30天、90天、180天、270天、最低(7个值)】
2	流量	年最大流量、年最小流量、年平均流量、日时段最大洪量【1日、3日、7日、15日、30日、60日(6个值)】
3	泥沙	年最大日平均输沙率、年平均输沙率、年输沙量;年最大含沙量,年最小含沙量,年平均含沙量
4	水温	年最高水温、年最低水温、年平均水温
5	气温	年最高气温、年最低气温、年平均气温
6	降水	年降水量、日时段最大降水量【1日、3日、7日、15日、30日(5个值)】、各时段(分钟)最大降水量表(1)(13个值)、各时段(小时)最大降水量表(2)(6个值)
7	蒸发	年最大日蒸发量、年最小日蒸发量、年蒸发量

表1-3 水文资料"成果查询"[成果数据查询](66个表项要素)表

序号	项目	表项	历年成果查询、输出
1	测站信息	水位、水文站一览表	[单站]水位、水文站一览表(每年占一行),[单站]查询表项名称(每年占一行),[全部站]查询年份值(每站占一行)
		降水、蒸发站一览表	[单站]降水、蒸发站一览表(每年占一行),[单站]查询表项名称(每年占一行),[全部站]查询年份值(每站占一行)
2	水位	逐日平均水位表	逐日平均水位表、月年水位统计表、月水位统计、年水位统计; 保证率水位:最高(开始月日)、15天(开始月日)、30天(开始月日)、90天(开始月日)、180天(开始月日)、270天(开始月日)、最低(开始月日)(7个值)
		洪水水位摘录表	年鉴洪水水位摘录表;年鉴全摘格式,原始全摘格式;历史洪水水位调查成果
3	流量	实测流量成果表	实测流量成果表
		实测大断面成果表	实测大断面成果表
		逐日平均流量表	逐日平均流量表、月年流量统计表、月流量统计、年流量统计 日时段最大洪量:1日(开始月日)、3日(开始月日)、7日(开始月日)、15日(开始月日)、30日(开始月日)、60日(开始月日)(6个值)
		洪水水文要素摘录表	年鉴洪水水文要素摘录表;年鉴全摘格式,原始全摘格式;历史洪水流量调查成果
4	泥沙	实测悬移质输沙率成果表	实测悬移质输沙率成果表
		逐日平均悬移质输沙率表	逐日平均悬移质输沙表、月悬移质输沙率统计、年悬移质输沙率统计
		逐日平均含沙量表	逐日平均含沙量表、月含沙量统计、年含沙量统计
		洪水含沙量摘录表	年鉴洪含沙量摘录表;年鉴全摘格式,原始全摘格式
5	水温	逐日水温表	逐日水温表、月水温统计、年水温统计
6	气温	逐日气温表	逐日气温表、月气温统计、年气温统计
7	降水	逐日降水量表	逐日降水量表、月降水量统计、年降水量统计 日时段最大降水量:1日(开始月日)、3日(开始月日)、7日(开始月日)、15日(开始月日)、30日(开始月日)(5个值)
		降水量摘录表	年鉴降水量摘录表;年鉴全摘格式,原始全摘格式
		各时段最大降水量表(1)	各时段(分钟)最大降水量表(1)(13个值)
		各时段最大降水量表(2)	各时段(小时)最大降水量表(2)(6个值)
8	蒸发	逐日水面蒸发量表	逐日水面蒸发量表、月蒸发统计、年蒸发统计
9	月年对照	历年对照表	历年月年平均水位对照表、历年月年最高水位对照表、历年月年最低水位对照表、历年月年平均流量对照表、历年月年最大流量对照表、历年月年最小流量对照表、历年月年平均输沙率对照表、历年月年平均含沙量对照表、历年月年水温对照表、历年月年气温对照表、历年月年降水量对照表、历年月年水面蒸发量对照表。

第四节　云南数字水文系统功能

1.4.1　在线视频

实现对水文测站视频管理及视频应用。

1.4.2　在线数据接收

对时间、降水量,时间、水位,时间、水位、流量,时间、水温,时间、气温,时间、蒸发量,时间、单沙(7项)在线监测数据实时接收校验、修正及更新入库。

1.4.3　在线水文测验

对水准测量记载簿,水准测量成果,水准测量记载表,水深及水上部分间距测量记载表,水位水温气温观测记载簿,水位水温气温观测记载表,流量及输沙率测验记载簿,流量及输沙率测验记载表,相应水位记载表,水面浮标法流量测验记载表,比降—面积法流量测验记载表,声学多普勒流速仪流量测验记载表,悬移质单样含沙量测验及处理记载簿,悬移质单样含沙量测验及处理记载表,降水量蒸发量观测记载簿,降水量蒸发量观测记载表(16表)在线填报校审。

1.4.4　在线图形绘制

对水位过程线图,测流时机过程线图,降水量蒸发量图,逐日降水量柱状图,雨量分布图,实测大断面图及面积曲线图,逐时水位、水温、气温过程线图,垂线平均流速横向分布图及断面图,固定起点距垂线平均流速分布图,逐时水位及悬移质单样含沙量过程线图,水位流量关系曲线图,逐时水位流量过程线图,逐日水位流量(输沙率、含沙量)过程线图,上下游水位对照过程线图,上下游流量对照过程线图,连实测流量过程线图,实时流量及水位过程线图,改正系数及水位过程线图,改正水位及水位过程线图,单沙断沙关系曲线图(21图)在线绘制。

1.4.5　在线资料整编

在线资料整编分说明表、对照表及成果表(48表)。

1.说明表(14):测站基本信息表,测站信息表,降水量观测场沿革表,测站基本特征参数信息表,测站说明表,水准点沿革表,水准点高程考证表,水尺零点高程考证表,站以上主要水利工程基本情况表,水位资料整编说明表,流量资料整编说明表,悬移质输沙率资料整编说明表,水位~流量关系曲线表,水位~面积关系曲线表。

2.对照表(17):水位、水文站一览表,水位、水文站资料索引表,降水量、水面蒸发量站一览表(含资料索引),各站月年平均水位对照表,各站月年最高水位对照表,各站月年最低水位对照表,各站月年平均流量对照表,各站月年最大流量对照表,各站月年最小流量对照表,各站时段最大洪水总量统计表,各站月年平均输沙率对照表,各站月年平均含沙量对照表,各站月年水温对照表,各站月年气温对照表,各站月年降水量对照表,各站时段最大降水量统计表,各站月年水面蒸发量对照表。

3.成果表(17):逐日平均水位表,洪水水位摘录表,实测流量成果表,实测大断面成果表,逐日平均流量表,洪水水文要素摘录表,实测悬移质输沙率成果表,逐日平均悬移质输沙率表,逐日平均含沙量表,洪水含沙量摘录表,逐日水温表,逐日气温表,逐日降水量表,降水量摘录表,各时段最大降水量表(1),各时段最大降水量表(2),逐日水面蒸发量表。

1.4.6　在线水文计算

为防洪、水资源开发和某些工程的规划、设计、施工和运行提供指定水文站断面多年长系列水文数据计算的特定项目水位、流量、水温、气温、泥沙、降水、蒸发7类项目59个要素内容[目前特指"P3型频率曲线"]。

1.4.7　在线成果查询

是对在线水文资料整编成果内容查询[水文要素整编成果数据信息查询]及编排的简称【单机《水文资料数据库系统》是在无网状态下完成单机版"云南水文数据库"建库导库,并可"水文计算[P3型频率曲线]"及"成果查询[成果数据查询]"】。具体内容包含测站信息、水位、流量、水温、气温、泥沙、降水量、蒸发量、月年对照9类项目20个表项对应的66个具体内容查询及编排。

1.4.8　在线数据汇交

是对水文监测资料汇交标准文本格式数据文件和标准电子文档数据文件导入"云南水文数据库"筛选处置。

1.4.9　在线成果应用

在线成果应用包含水情信息交换、洪水预报应用及水情水资源分析3项。

1.水情信息交换。包括降水、水位、流量、蒸发要素交换。按规范要求将整编成果数据实时处理成水情标准格式交换到"实时雨水情数据库",彻底解决整编与报汛、报旱两张皮的问题。

2.洪水预报应用。将降水、水位、流量、蒸发整编成果数据处理成洪水预报系统标准格式导入"预报专用数据库",解决整编成果数据难以实时应用于洪水预报的问题。

3.水情水资源分析。根据预报库中的历史系列资料计算出各站历年日、旬、月均值成果,并实时提取各站在线整编成果数据,形成阶段雨水情分析表,解决整编成果数据实时服务雨水情分析(预警、公报等)的应用难题,同时让阶段雨水情分析更加智能化。

1.4.10　在线成果编排(排版集成)

在确保单个表项可独立显示查看的前提下,系统对单站水文资料综合成果、单站水文资料整编成果、单站降水蒸发整编成果、分局降水蒸发整编成果、水文年鉴(5项)自动编排得到相应项目PDF电子书。【另：用单机《水文年鉴排版集成系统》或"水文文本格式数据自动编排《水文年鉴》系统"排版集成亦可得到相关流域水文年鉴PDF电子书】。

1.4.11　数据库

用单机《水文资料数据库系统》完成"云南水文数据库"建库导库及"水文计算"及"成果查询"。

第二章　水文测站在线视频平台

第一节　概　述

水文视频是水文监测工作的重要辅助手段,通过水文视频的远程运用,实现了对测站全天候的监控。水文远程视频有着直观影像和图片的展示能力,使水文测站的真实影像效果实时地呈现给站点管理人员,是实现水文测站远程管理、远程监控、远程水位校核的最好措施,也是云南水文实现"视频监控+巡测为主、驻测为辅、应急补充"水文监测方式重要环节之一。

目前,云南水文测站在线视频基本已覆盖了所有水文站、水位站,在水文监测工作的作用也越来越重要,但由于水文测站在线视频是采用项目带设备,设备带平台的方式进行,因此出现了设备类型多,应用平台多的局面。随着视频监控技术的升级,视频监控技术呈现出数字化、网络化、集成化、智能化的发展趋势。水文视频监控也朝着行业功能化、精细化、多元化方向发展,一个符合云南水文行业发展水文测站在线视频平台开发工作势在必行。

水文测站在线视频平台结合云南水文实际运用需求,在兼容所有支持国家标准接入方式GB28281GB/T28181的摄像头,系统基于"云视频"的架构开发,实现一站式的平台融合。采用B/S(浏览器/服务器模式)、SOA(面向服务架构)研发,采用集成改造方式纳入统一架构,对现有功能进行整合,优化及系统集成。平台无须配置安装,采用web方式直接访问。

采用全架构的安全模式。建立统一用户管理,严格权限分级,防火墙网域隔离,数据加密传输等技术,提高平台的安全性、保密性。

平台由系统管理、内容管理、设备管理、视频地图、视频监控、历史视频、应用视频7个模块组成。

第二节　平台框架

2.2.1　总体架构

为实现水文视频配置,权限管理,视频调入、调出等功能,开发后台管理模块,赋与部门管理人员管理权限,进行视频设备的管理等工作。

视频的架构开发分为几个层面:前端设备、基础设施、能力平台及运用终端,见图2-1。

（1）前端设备：包括摄像头、NVR录像机、网络交换等设备，是视频采集端。前端设备最好使用统一平台的配置，全省水文远程视频都归集到一个平台的ID配置系统，防止多链路，不同站点不同平台配置发生，设备配置的初始账号和密码必须进行记录存档，并由省局和分局管理人员负责管理，避免账号和密码丢失而设备无法进行配置和维护。

（2）基础设施：是视频数据处理、交互的硬件设备，包括网络能力、存储设备、流媒体服务器运算能力、终端解析设备能力等。

（3）能力平台：包括视频的接入系统、存储系统、分析系统、转码系统、使能系统。是远程视频集成软件部分，目前有国家电信运营商平台，视频运用的企业开发平台，比如：目前全省运用较多海康威视、宇视的运用平台等。

（4）运用终端：是远程水文视频展示、控制的运用终端，通过权限认证，可在电脑、手机、平展上实施访问，也可推送至各分局的展示大屏实时观看。

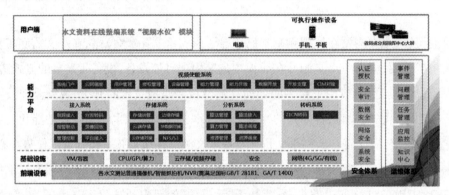

图2-1　视频架构

2.2.2　系统功能架构

编程语言：java1.8

主要框架：springBoot ，thymeleaf，mybatis，shiro

数据库：mysql

中间件：redis

视频功能架构见图2-2。

图2-2　视频功能架构

2.2.3　视频平台级联步骤

第一步:下级平台提供国标SIP编码;

第二步:视觉智联平台使用下级平台提供的国标SIP服务器编号,生成级联时使用的相关数据,包括:国标注册IP地址,注册端口号,智能视频云平台国标SIP编码,SIP域编码,鉴权密码。

第三步:下级平台使用第2点提供的内容,根据国标 GB/T28181-2011/ GB/T28181-2016的规范内容,向平台注册。

第四步:下级平台向智能视频云平台注册成功上线后,智能视频云平台会向下级平台进行目录查询,同步设备目录,同时也可根据需求开启或关闭设备目录订阅。

2.2.4　系统部署架构及安全

应用服务采用多节点模式部署,使用Redis中心化模式共享session。易于横向扩展。

数据库集群使用3M模式保证数据读写一致性和高可用。

转码服务使用的是java调用ffmpeg进程的命令行方式进行转码。

由云智AD作系统访问日志采集与分析及互联网暴露控制和网络安全保护,见图2-3。

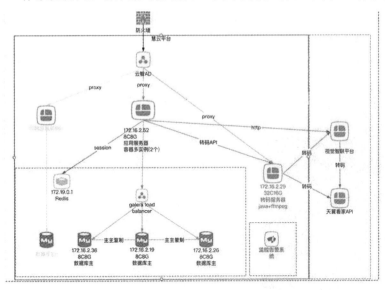

图2-3　应用服务系统布署架构

2.2.5　平台接入框架

以国标GB/T 28181为主,支持多协议接入,形成强大的汇聚整合能力,在充分融合接入视频监控设备、智能设备的情况下,极大提升各种数据汇聚整合能力,从而为实现数据共享调用、融合见图2-4。

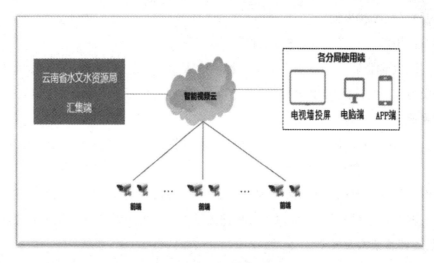

图2-4　平台接入框架

第三节　系统防火墙的安装及登录

2.3.1　防火墙的安装

平台防火墙的安装软件采用华为的secoclient-win-64,在PC终端进行安装。双击安装包进入安装流程,图2-5~11。

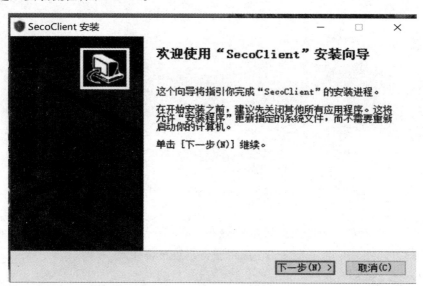

图2-5　安装步骤(一)

选择"下一步"。

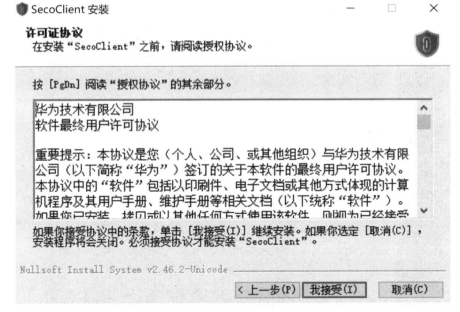

图2-6 安装步骤(二)

选择"我接受"。

图2-7 安装步骤(三)

建立新连接,输入远程网关地址及端口,此项为必填写项,并选择"确定"。

图2-8　安装步骤（四）

　　输入用户名及密码，密码为12位以上，为系统自动随机生成，包含字母大小写、数字、特殊字符。5次输错会被锁定。可选择"记住密码"和"自动登录"。

图2-9　安装步骤（五）

以下界面，选择"继续"，完成安装。

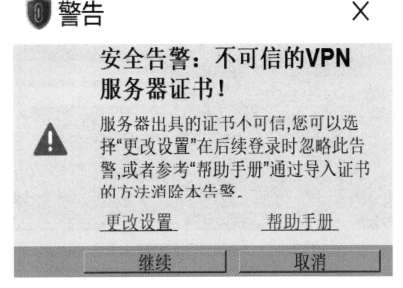

图2-10　安装步骤(六)

2.3.2　VPN的启动

选择VNP图标,双击打开,并选择"继续",完成启用。

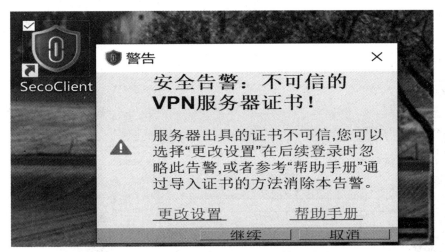

图2-11　安装步骤(七)

第四节　电脑客户端平台的应用

2.4.1　平台的登录

打开浏览器,输入平台地址,目前地址为:水文测站在线视频平台 http://222.221.7.179:9000/loginpg,打开地址,可收藏此地址,下次登录时可打开快捷方式打开。输入账号、密码、验证码,选择登陆,进入客户应用端,见图2-12。

图2-12　水文测站在线视频平台登录

2.4.2　客户端的应用

2.4.2.1　首页

首页(图2-13)展示了"通知公告"和"工作动态"情况,并展示全省设备"在线"、"离线"情况。

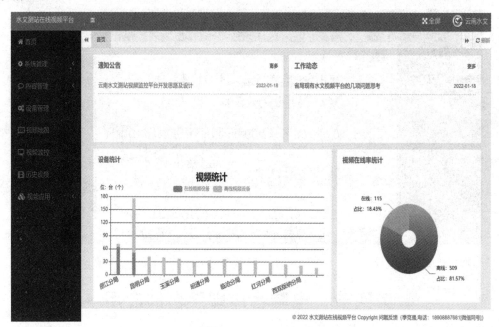

图2-13　视频平台首页

可选择各分局图标打开各分局上线情况,并打开某测站打开本站视频上线情况,鼠标放在图标上方分实时显示视频设备上线情况,见图2-14。

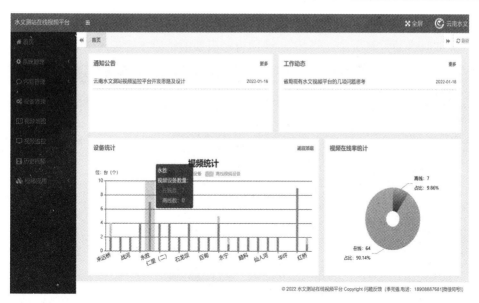

图2-14 视频系统功能

2.4.2.2 系统管理

系统管理由3个模块组成:用户管理、角色管理、部门管理,见图2-15。

(1)用户管理

通过用户管理,进行权限的分级管理,不同用户通过权限的分配,赋与不同的应用功能,确保信息的安全。

图2-15 用户管理

平台管理员通过增加用户可进行用户权限的赋与,见图2-16、17,选择增加,进入用户增加用户名称、密码、登陆账号等信息即可完成用户的录入工作,新用户第一次使用指定密码登陆时必须重新更新密码,以后使用自己更新的密码才能进入登录界面。

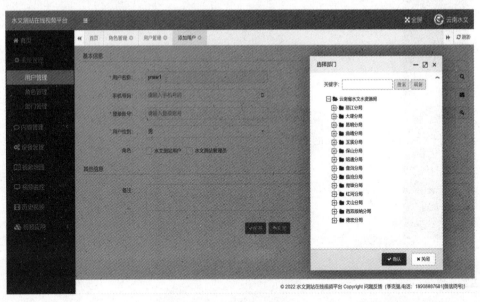

图2-16　用户增加(一)

　　角色一般用户请选择"水文测站用户",省局、分局管理员请选择"水文测站管理员"。一般情况下,省局设立一名超级管理员,各分局设立一名管理员,各管理员按照权限对省局使用用户和分局使用用户进行授权。"水文测站用户"在系统打开时,系统管理这项会自动隐藏。只有管理员才会出现。各分局管理员可打开三级目录,按住Ctrl多选各测站,即可指定该用户可使用的测站视频,见图2-24。

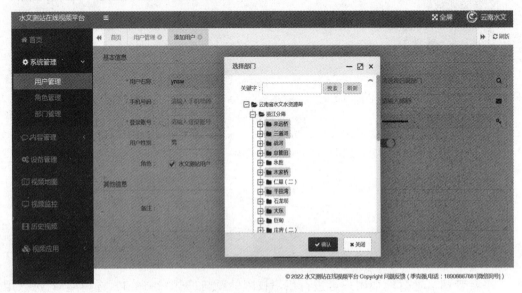

图2-17　用户增加(二)

（2）角色管理

角色管理授与用户在系统中的执行项目的范围,省级用户可执行全省水文视频的运行操作,分局用户只能执行本分局操作,此项权限为管理员权限,普通用户不能进入界面进行操作,该界面有新增和修改2项权限,新增是对新用户进行权限赋与,赋与权限有7项,根据用户的层级进行相应权限的赋与,见图2-18。

该选项为超级管理员增设的不同使用对象的应用权限名录,可订制让指定客户使用什么功能,不使用什么功能,从而达到系统应用的保密性和安全性。

图2-18　用户角色分配

（3）部门管理

用来增加或修改本级部门的下一级部门,省级部门可增加分局一级部门,分局一级部门可增加测站。增加和修改的总站与上线部门间要存在隶属关系,见图2-19。

此项工作由省级和各分局的超级管理完成,各级超级管理者可根据部门或站点的增减进行设置,从而达到对应用对像的设置和撤消工作。

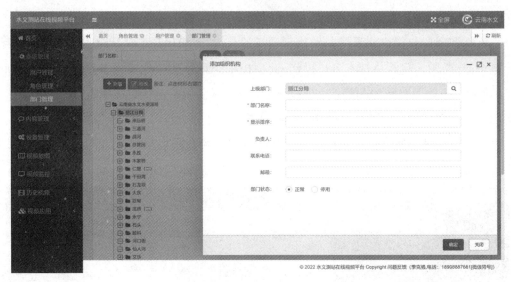

图2-19　部门管理

2.4.2.3　内容管理

此项功能旨在进行系统内部的通知、工作动态、技术规范交流,功能可由超级管理设定哪些部门或应用用户具有此功能的发布权限。内容按层级管理权限自动推送给指定应用用户,省局管理者全省用户可看到,分局管理者推送信息分局用户可看到,部门管理者推送信息部门使用人员能看到。模块由内容查看和我的发布两部分组成。

(1)内容查看

可查看所有发布的内容,查看时,双击即可打开网页对内容进行查看,见图2-20。

图2-20　内容查看

(2)我的发布

选择"增加"即可进入发布界面,在发布界面里定义内容标题,在"内容主类"里选择要发布的类型。在行政区划里选择指定抢送的对象,可单选,也可多选,选中后只有指定客户才能查看。可选择置顶,即可实现信息排列在最前面,见图2-21。

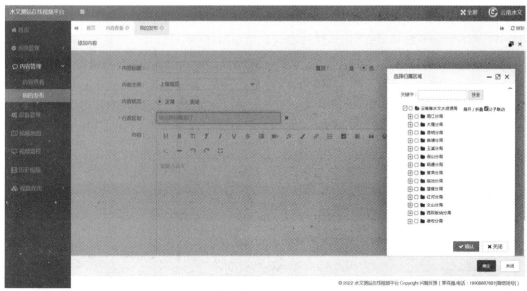

图2-21 内容发布

2.4.2.4 设备管理

旨在对视频前端接入类型、租户账号、设备ID、设备名称、三方编码、平台区域、经纬度、在线状态等信息的管理。可进入设备权限的分配,系统设备的配置,设备视频的播放等功能。进一步开发系统的工况信息、远程视频设备刷新,以及拉流方式UDP、TCP的选择等功能,见图2-22。

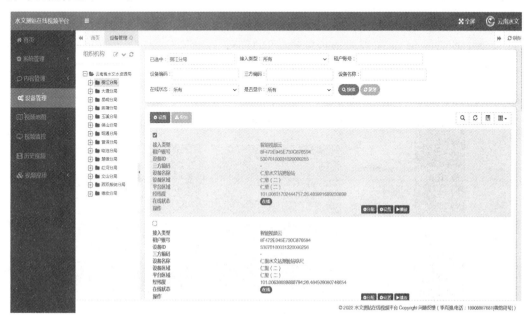

图2-22 设备管理

2.4.2.5　视频地图

可实现全省所有水文站点视频的地理分布图上进行实时查看。在组织树的选项框中打开不同所分局和测站,地图按选择标志所在站点的地理信息,并标注图标,双击图标,选择播放,即可查看该站点的实时视频,双击视频图像可放大浏览,再次双击即可恢复原始状态。也可通过设备编号和名称查看指定视频。通过"控制云台"对视频设备进行8个方位的调整,通过"放大"、"缩小"进行视频远近的调节。在界面中可进行"快照"来采集当下一帧图片,可对有音频流的摄像头调节音量。通过"拉伸"切换的标准视频显示模式。通过全图键可实现全图浏览,见图2-23。

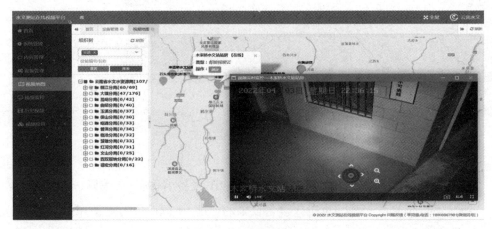

图 2-23　视频地图

2.4.2.6　视频监控

视频监测可通过组织树的方式实时查看或超控视频,组织树中,可选择需要查看的视频,在摄像头前打"√"可实现对该视频的实时显示。在监控路数可选择1、2、4、6路视频。每个视频框均有视频云台,可对当前视频进行方位和视距调整。双击某个视频框可全屏放大视频,再次双击可还原视频,见图2-24。

图 2-24　视频监控

2.4.2.7 历史视频

此功能为查看各站点存储于"云"上和磁盘中的视频信息。通过组织树,选定站点,选择回放,输入开始和结束时间,选中所要寻找的视频时间片断,可进行回放或下载。也可滑动时间块拖动历史视频片断,见图2-25。

图2-25 视频回放

2.4.2.8 视频应用

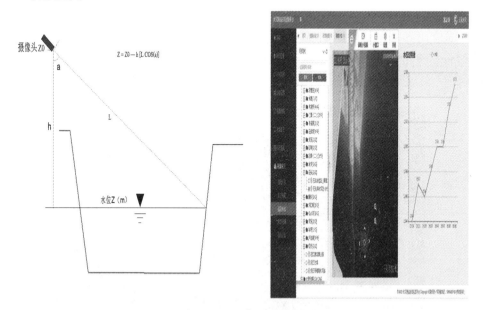

图2-26 应用实例

通过对实施视频进一步开发,提升水文视频的在行业中的应用。通过图像知能识别和处理技术,实现不同运用场景水文水文运用视频,见图2-26。目前该模块正进行视频水位、视频会议、视频分享、应急视频、监控预警等方面的开发。

2.4.2.9　个人中心

在平台右上角处,单击可打开"个人中心",个人中心可对个性图标进行自订义,见图2-27。基本资料栏可录入"用户姓名"、"手机号码"、"邮箱"等信息。密码修改可对现有密码进行修改,修改密码必须包含大小写、特殊字符、数字等,位数不少于12位,为复杂密码。为了便于记忆,录入密码时应进行认真输写,并作保管。

图2-27　个人中心

2.4.2.10　界面收缩

可对应用界面进行多样化的收缩显示,以达到图标合理显示的效果。横向任务栏显示打开的窗口,可实时返回原界面进行查看。界面中可选择收缩界面,以达到最好的显示效果,可选择"全屏"以实现最大化显示,见图2-28。

图2-28　视频界面

第五节　手机客户端应用

目前已开发了android系统的手机客户端,基于ios系统的手机版客户端将持续开发。

2.5.1　android系统App的安装

下载安装包 app-release.apk 到手机并进行安装,安装完成即可打开App进行访问,账号和密码和电脑终端版本一致,见图2-29。

图2-29　手机端安装

2.5.2　手机版平台的应用

手机版本目前正在开发中,随着系统的完善,应用功能也会逐渐增加。登录账户界面,输入本人用户名和密码,并验证。可选择"记住我",下次用同一步手机可以直接打开,不用输入账号和密码。平台界面由首页、服务和我的三部分组成,打开视频监控可实时查看远程水文视频,并进行可进行云台控制。在我的界面,可进行设备,完成密码修订,账户管理等功能,见图2-30。

图2-30　手机端界面

第三章 水文资料在线数据系统

第一节 在线数据统一接收处理意义

在线数据质量决定着整编成果质量,《水文资料在线整编系统》能否正常运行完全取决于在线数据信息传输的规范及精准度,云南省在线监测设备面临建设周期长,厂家多,数据接收系统混乱,各厂家设备通信规约不一致或数据接收功能不够完善,功能单一,部分厂家数据经过借用其他厂家接收系统接收数据,数据经过库转库使用,未能实现对在线设备终端(RTU)的远程监视、控制与数据采集的应用。加之部分设备趋于老化不稳定的影响,导致数据失真、中断、合并量、伪值、迟报早报等现象时有发生,对异常数据不便于观察和跟踪处理;所以对"数据的统一接收,统一处理,对时钟不准(校时后),设备故障(维护后)、电源馈电(维护后)、通讯异常(正常后)的数据自动或人工干预补录,是《水文资料在线整编系统》的正常运行数据质量保障的关键。

3.1.1 接收软件整合前全省现状

云南省各分局接收系统整合前状况表见表3-1。

表3-1 各分局接收系统整合前状况表

序号	单位	涉及厂家	软件改造前
1	临沧分局	南自所、西安山脉	南自所软件平台
2	玉溪分局	南自所设备为主	南自所软件平台
3	保山分局	南自所设备为主	南自所软件平台
4	版纳分局	南自所设备为主	南自所软件平台
5	文山分局	南自所设备为主	南自所软件平台
6	大理分局	南自所设备为主	南自所软件平台
7	德宏分局	南自所设备为主	南自所软件平台
8	红河分局	南自所(水资源)	2012年版本
9	昆明分局	湖北一方:217,南自所:45,三峡金下:18安徽沃特:15,奥特美克:6,西安山脉:5	(1)湖北一方软件平台 (2)南自所软件平台
10	昭通分局	湖北一方:210,成都智恒:4,南自所:20,奥特美克:4,西安山脉:1,万达华:2,三峡屏:11,三峡金下:13	(1)湖北一方软件平台 (2)南自所软件平台 (3)三峡金下软件平台
11	丽江分局	湖北一方:128,南自所:40,奥特美克:34,三峡金下:5	(1)湖北一方软件平台 (2)南自所软件平台 (3)奥特美克软件平台
12	普洱分局	湖北一方:151,南自所:48,成都智恒:39,奥特美克:16,万达华:9	(1)湖北一方软件平台 (2)南自所软件平台
13	楚雄分局	湖北一方:141,三峡金下:28,天宇利水:2,成都汉维斯奥特美克:1,南自所:1	(1)湖北一方软件平台 (2)三峡金下软件平台
14	曲靖分局	湖北一方:220,南自所:22,润网:9,三峡金下:10,雄越:2,成都汉维斯:2	(1)湖北一方软件平台 (2)南自所软件平台 (3)三峡金下软件平台

3.1.2 整合后接收软件架构

面对云南的在线数据采集和接收状况,通过对RTU设备功能的深入解析,数据接收处理软件与南自所进行技术合作,《水文资料在线数据系统》是实现满足《水文监测数据通信规约》(SL651-2014)和《水资源监控管理系统数据传输规约》(SZY206-2012)协议的RTU设备监测数据的统一接收,并且能够集成现有水文测站的RTU私有协议,预置对私有协议的数据接口,提高系统的扩展性和兼容性,不断对数据接收功能进行升级优化,解决了数据分散、应用不便的问题;对无法获取原始代码的设备,采用数据统计交换把数据转存在原始数据库,再转换为在线整编数据格式;现使用南自所接收系统采用当前水利、水文行业普遍使用的接收系统架构形式,依托现有RTU设备功能、不同通信传输方式的在线站点进行优化整合,极大提高了数据质量和工作效率,告别多厂家、多服务器、多类型接收软件的局面,使得数据处理更加高效快捷,符合数字水文的发展趋势,针对不同RTU设备监测数据经常出现的伪数据、冒大数、中断、时钟误差的自动拦截校验、数据跟踪检查、自动对RTU数据进行下载补录、时钟自动订正等功能。使得在线数据在进入在线整编时有序、规范,极大地提高在线数据质量,保障在线数据符合在线整编质量要求,水文监测数据接收系统整合架构见图3-1,在全省推广使用。

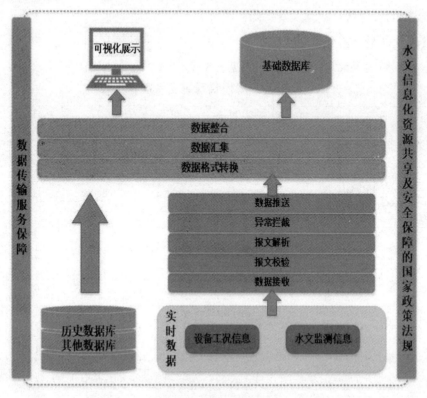

图3-1 水文监测数据接收系统整合架构图

3.1.3 数据接收处理系统技术原理

软件主要采用异步调用与多线程的思想编写,在多通道的采集、报文的接收、报文解析、数据存储中都采用这两种方式。

(1)异步调用优点

功能模块在某一时间段,程序系统的不同功能模块可以独立运行完成一件任务的子任务,无须等待其他功能模块完成,功能模块是并行运行。

(2)多线程优点

用户根据需要在应用程序中创建其它线程,多个线程并发地运行于同一个进程中。多线程可以实现并行处理,避免了某项任务长时间占用CPU时间。多线程是为了同步完成多项任务,不是为了提高运行效率,而是为了提高资源使用效率来提高系统的效率。

3.1.4 技术特点

系统使用C/S架构,使用NET平台C#语言编写。交互性强、具有安全的存取模式、网络通信量低、响应速度快、利于处理大量数据,人机对话更加直观。

3.1.5 解决的问题

整合接收后系统主要解决了测站信息管理、传感器参数管理、历史数据查看、远程数据下载和系统管理及分析应用等方面的问题。

(1)测站信息管理:对站点的站码、站名、测站类型、报文格式、模块卡号等进行管理。

(2)传感器参数管理:对测站所包含的传感器参数如基值、计算系数、上下限、水位获取流量等进行管理。

(3)历史数据查询和处理:包括了历史报文和单个传感器历史数据的查询和处理。

(4)远程数据下载:通过GPRS网络远程对设备下发指令,自动或人工干预下载设备中存储监测参数的历史数据。

(5)系统管理:包括用户登录权限、数据库配置、接收信道配置。使得测站管理更加快捷。

第二节　测站数据采集与传输管理

在线数据采集、传输流程如图3-2。

(1)数据采集:对采集数据传感器的稳定性,数据精度、时效等进行监控,交换数据符合水文资料在线整编要求,满足水文监测规范要求。

(2)数据传输:传感器采集的监测数据按通讯规约首先存储在RTU上,然后按预设交换频次、变量设置触发通讯模块对DTU上电进行数据传输,实现数据传输进入信息高速公路。

（3）数据查询：测站的监测数据量、到报率、今日在线数据站数量及在线率、各类型故障累计发生次数、故障状态、故障时长等指标的统计情况在平台可视化展示，供数据检查人员查询分析。

（4）在线整编系统数据库包含：原始数据库、核审数据库、整编数据库。

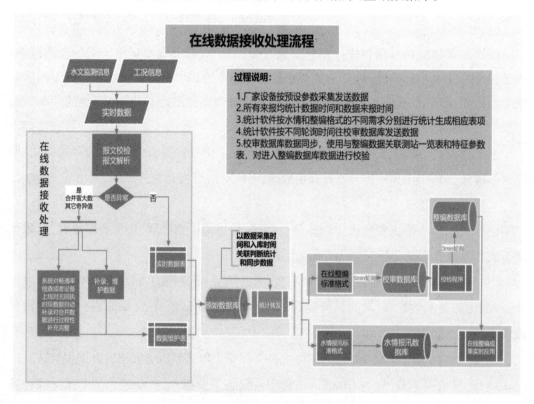

图3-2　在线数据接收处理流程图

（5）测站维护

实际工作中，测站设备维护是保证数据源准确的关键，在线设备使用周期规定5～8年，我省在线设备超期服役普遍存在，故障频发，虽然系统对测站各传感器进行了可视化监控跟踪管理，但加强维护管理工作任务十分巨大。

第三节　在线整编各数据库对在线数据需求和实现

3.3.1　原始数据库（分局）

原始数据库有多个不同内容的数据池组成，在数据接收和统计时互有关联，接收系统对接收实时数据进行解析和统计，系统根据实时数据生成整编格式数据，以InsertTM（数据插入时间)判断数据是否需要解析、统计,保证数据按最新到报实时更新,根据现有多数水文监测设备的报文协议和通讯规约,系统采用均匀时段数据校验实时统计数据,如不同进行更新覆盖,即水文监测要素标准格式库会因自动补数、均匀时段校验、人为修改数据而自动更新数据。为保证系统运行流畅,实时数据和候补数据会放在不同的数据库表下,主要包含以下结构表,表3-2原始数据库站点信息表结构表、表3-3原始数据库传感器信息表结构表、表3-4原始数据库实时数据及维护数据表结构表。

表3-2 原始数据库站点信息表结构表

列 名	类 型	属 性	说 明
FYCD	int	NOT NULL	测站硬件编码
FYNM	varchar(30)	NOT NULL	站名
STCD	char(8)	NOT NULL	8位统一编码
StationType	char(2)	NOT NULL	标准类型zzqqppp
FrameHead	char(10)	NULL	字头 下发指令的格式
AutoDown	smallint		自动下载 1、是 0、否
AutoDownTV	Int	NULL	设置定时报间隔每日条数
AutoDownTM	DateTime		上次补数时间
PhoneNumber	char(16)	NULL	DTU电话号码
Sampintev	int	NULL	定时报间隔 小时
RainT	Int		雨量阀值 斗
WaterT	int		水位阀值厘米
WorkMode	Int	Null	RTU工作方式
AutoTimeSet	smallint	NULL	自动校时 1为是 0为否
主键	FYCD STCD FYNM		

表3-3 原始数据库传感器信息表结构表

列名	类型	属性	说明
fycd	int	NOT NULL	测站硬件编码
datatype	Char(2)	NOT NULL	数据类型:26 实时雨量 22 均匀时段雨量 38 电压 39 水位
Stcd	Char(8)	Not null	8位统一编码
STNM	Varchar(20)		名称
MULT	float	NULL	系数
DMHGCS	float	NULL	基值
HMAX	float		最大
HMIN	float		最小
SKIP	float		控制变幅
Threshold	int		加报阈值
主键	Fycd,datatype,Stcd		

表3-4 原始数据库实时数据及维护数据表结构表

列 名	类 型	属 性	说 明
stcd	Char(8)	NOT NULL	8位统一编码
datatype	int	NOT NULL	传感器号
TM	datetime	NOT NULL	时间
DA	numeric(10,3)	null	累积量(报文值)
DP	numeric(10,3)	null	报文值*分辨率
DI	numeric(10,3)	null	实际量
inSertTM	datetime	Not null	插入时间
主键	Stcd,datatype,TM		

由于SQL语句统计数据时,只统计最近时间前3小时的实时数据,人工维护或自动补录程序补录的数据写入数据维护库中,维护表中数据,系统会根据最新插入时间判断统计内容进行自动统计入库,并替换原统计数据。

3.3.2 校审数据库(分局)

校审库名称为:ISTRONG_ZB_TRANSITION,统计软件统计出整编格式数据后,按预约轮询时间(5min)实时交换,覆盖功能强大,在线监测水文要素主要包含:雨量、水位、泥沙、流量、蒸发。

(1)在线雨量数据入库规则:有雨量时按5 min实时入库,无降水时只交换整点数据,便于整编工作人员判断传感器故障和故障时长,同时减轻交换线程和服务器的内存压力。降水量表用于存储时段降水量和日降水量,其表标识为:ST_PPTN_R。

(2)在线水位数据入库规则:按实时水位入库,以测站RTU预设水位变化量和整点报作为数据交换频次,即实时5min收不到测站报文时,认为平水平移,整点无报文时,认为测站故障,平移停止;其表标识为:ST_RIVER_R。

(3)其它在线设备数据接入按SLT324标准表结构写入。

(4)中断数据:次日8时后,根据接收软件自动补数功能,陆续将之前中断的5min记录全入库。

3.3.3 整编数据库(省局)

(1)省局校验同步程序通过判断校审库ADDTIME(数据添加时间)和SYNC(同步状态),对最新入库数据进行校验转存,校验程序会关联测站基本特征参数表中的拦截特征值进行数据校验,并在校审库中SYNC栏做状态标识:"0"数据未读取,"1"数据被读取,"2"数据异常。

(2)可通过修改时间进行历史数据转存,即把原ADDTIME时间改为当前服务器时间,实现时间段内数据一次性转存。

(3)可通过修改状态进行转存,把SYNC状态改为"0",实现时间段内数据一次性转存。

第四节　数据接收处理功能

3.4.1　数据接收处理系统的主要功能实现

水文资料在线接收系统实现多种报文格式解码转换,同时预置了不同协议的数据接口,从而便于系统的扩展和兼容,如图 3-3 所示。按图 3-4 所示,水文监测要素的不同传感器的自定义协议转换为标准协议,并按不同传感器进行入库原则进行定义,如图 3-4 所示。图 3-5 对在线数据接收处理的部分功能进行了归类说明。

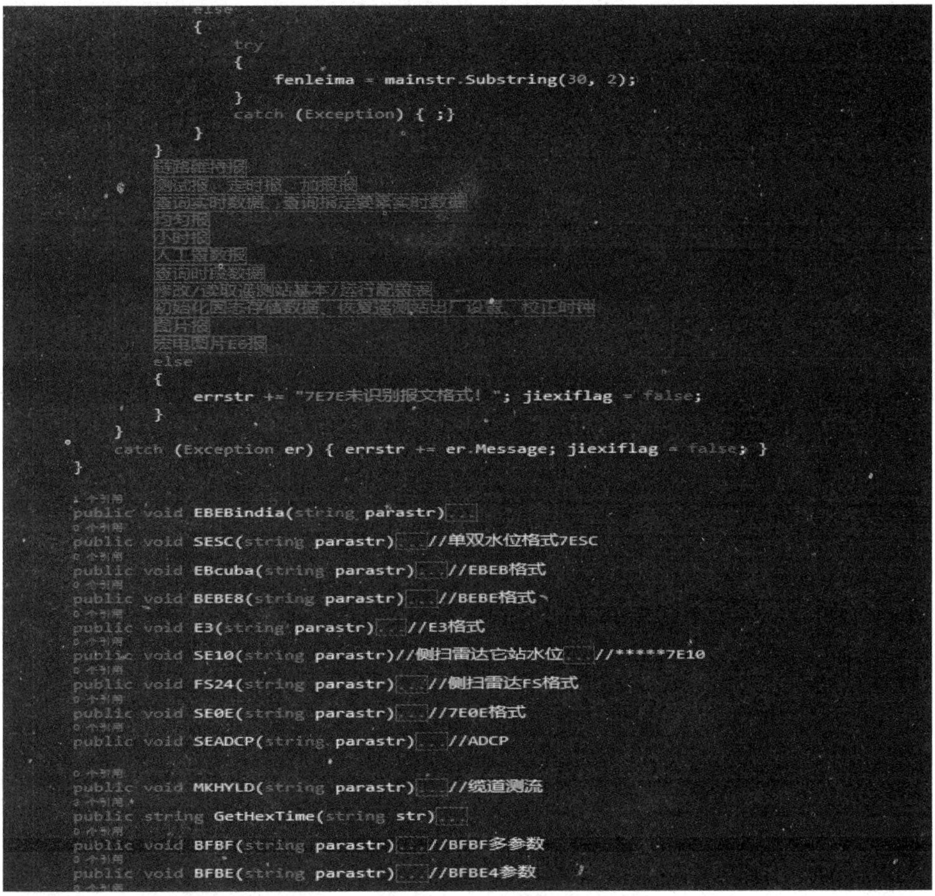

图 3-3　不同厂家设备报文格式转换

```
cmd.Connection = connyc;
最后来报时间、报文、信息
DTU ID 入库
Framehead 入库
DDF 入库
 入库
PWDI
string meaning = "";
个性化 hgtsk
时间格?

SortedDictionary<string, double> dicreturnvalue = new SortedDictionary<string, double>();

foreach (KeyValuePair<string, Stcd_info> kvp in fi.sensor_info)
{
    拉时值
    实时值new
    if (fi.atmkflag !=2)
    {
        #region 均匀值
        if (sese.jydatatype.Equals(kvp.Key))
        {
            Stcd_info si = kvp.Value;
            meaning += kvp.Value.stnm + "(" + dicsensor[kvp.Key].unit + "):";
            if (sese.dicjy.Count > 0)
            {
                Dictionary<string, double> dicdt5v = new Dictionary<string, double>();
                DateTime tms = sese.gctime0;
                foreach (KeyValuePair<DateTime, double> kvpjy in sese.dicjy)
                {
                    if (sese.jydatatype.Equals("39") || sese.jydatatype.Equals("3A") || sese.jydatatype.Equals("3B"))
                        meaning += Math.Round(kvpjy.Value * kvp.Value.mult + kvp.Value.dmhgcs, 3) + " ";
                    else
                        meaning += kvpjy.Value * kvp.Value.mult + kvp.Value.dmhgcs + " ";

                    if (!sese.jydatatype.Equals("22"))
                    {
```

图3-4　不同传感器数据入库原则

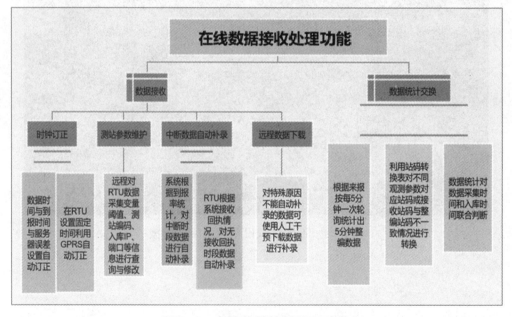

图3-5　在线数据接受处理功能

3.4.2　接收系统基本设置

（1）登录操作

图3-6　登录操作(一)

图3-7　登录操作(二)

图 3-8　登录操作（三）

在进行操作前，都必须按图 3-6、3-7、3-8 所示按权限进行登录，不然各菜单都处于无法操作状态。图 3-7 可以观察到系统运行状态和当前时间内未来报的站点数量。

（2）测站信息管理

登录操作完成后，按图 3-9 所示进行测站信息管理操作：

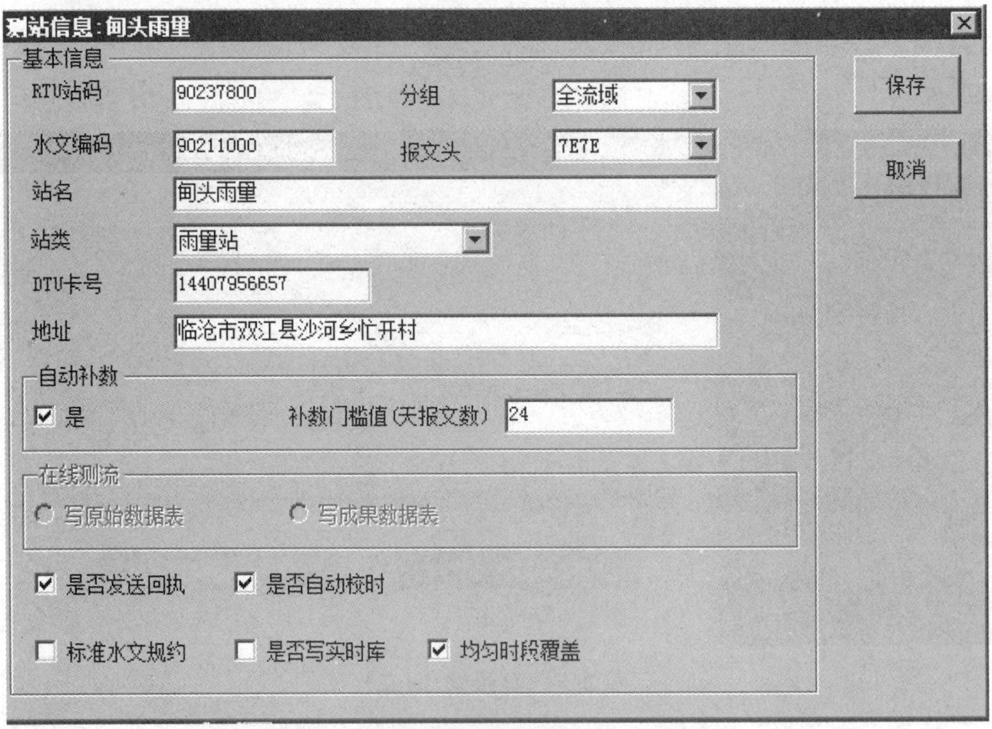

图 3-9　测站管理界面

RTU 站码：RTU 上设置的站码，若站码超过 8 位取后 8 位。

水文编码:即报汛所用8位码。

站名:测站名称。

分组:测站所属的自定义分组。

报文头:根据不同类型的板子设置,会根据不同的报文头在EXE文件中自动关联报文解析。

站类型:雨量站、河道水位站、河道水文站、水库水文站等。

DTU卡号:GPRS模块中的手机号,不用填写,系统会自动识别填写。

测站地址:测站所在地址。

自动补数:勾选是,首先得RTU支持补数指令回执。

补数门槛值(天报文数):每天站点预设RTU定时报数值。

是否发送回执:勾选上会给测站发送回执,不勾选不发送。一般都要勾选。一般只有GPRS信道支持发送回执。

是否自动校时:配合自动校时门槛值使用,测站RTU需支持校时指令回执。

均匀时段覆盖:勾选会根据每小时的5min数据包,检查更新实时统计值。

(3)测站增加传感器

测站添加成功后,按图3-10所示为测站添加传感器,即水文测站观测要素,一般有雨量、水位、电压、流量等。鼠标右击某个测站,在弹出式菜单中选择"增加传感器"。

图3-10　增加传感器

传感器名:传感器名称,如雨量、水位、流量、电压等,通过下拉列表可以选择。

编码:传感器代码;根据传感器名称对应的数据库字段代码。

计算系数:来报码转化为真实值运算过程中所乘以的系数,水位填1,雨量对于"7E7E"的板子填0.1,其他类型的板子一般填雨量计的分辨率,电压填1。

基值:对于水位来说即为水位基值,对于其他传感器填0。

循环码最大值：当传感器为雨量时，填9999。其他传感器默认即可。

上限：来报值超过此值时认为是奇异值，弃用。

上限：来报值小于此值时认为是奇异值，弃用。

允许跳变：来报值和上次来报值相比，变化量超过此值时，认为是奇异值，等待补录数据更新或人工确认是否通过。

是否发送奇异值信息：当勾选上时，结合短信预警平台可将奇异值信息通过短信发送给相关人员。

添加成功后，会如图3-11在测站传感器子树下面显示。

图3-11　测站传感器子树

3.4.3　报文解析（后台）

接收软件经过剔除非法报文后，按RTU回传的原始报文及中心站设置的传感器计算系数、水位基值等对原始报文进行解析，生成可以使用的实时数据，报文一般有：

（1）加报：RTU预设变量加报。

（2）整点报：整点的水位、雨量、电压等。

（3）均匀时段报：上一时段的水位、雨量5min数据等。

可按图3-12报文数据接收窗口、图3-13单站监测数据来报解析窗口、图3-14单站传感器解析成果根据用户需要进行实时数据或历史数据查询。

数据接收

RTU站码	站名	接收时间	数据时间	信道	报文类型	解析	报文正文
90330210	石桥	2021/1/20 6:59:05	2021/1/20 7:00:00	IPV4-UD...	自报报	雨量(mm):2458.5...	BEBE9033021001012101200700491749174917491749174917491749174917491749174917
90208250	大寨	2021/1/20 22:41:23	2021/1/20 22:39:00	IPV4-UD...	加报报	雨量:11.5mm 电...	7E7E1000902082501234330023020001210120223918F1280090208250048F02821012022392611
20000149	漫湾	2021/1/20 22:40:52	2021/1/20 22:41:00	IPV4-UD...	加报报	电压:12.8V 水位...	7E7E2000200001491234330023020037D210120224118F128002000014948F02821012022412611
90305200	姑老河	2021/1/20 22:40:25	2021/1/20 22:40:00	IPV4-UD...	加报报	电压:12.6V 水位...	7E7EFF00903052001234330023021E4F210120224034F128009030520048F02821012022402611
20000150	老夏旧	2021/1/20 22:39:36	2021/1/20 22:40:00	IPV4-UD...	加报报	电压:13.1V 水位...	7E7E00002000015012343300230204B3210120224018F128002000015048F02821012022402611
90208400	太平关	2021/1/20 22:39:14	2021/1/20 22:38:00	IPV4-UD...	加报报	电压:12.5V 水位...	7E7EFF009020840012343300230209E0210120223834F128009020840048F02821012022382611
90201500	大朝山	2021/1/20 22:38:36	2021/1/20 22:38:00	IPV4-UD...	加报报	雨量:343mm 电压...	7E7EFF009020150012343300230243A2210120223818F128009020150048F02821012022382611
90306820	帮海水位	2021/1/20 22:37:16	2021/1/20 22:37:00	IPV4-UD...	加报报	雨量:466mm 电压...	7E7EFF0090306820123433002302013D210120223718F128009030682048F02821012022372611
90305400	西河	2021/1/20 22:35:01	2021/1/20 22:35:00	IPV4-UD...	加报报	雨量:647mm 电压...	ST90305400DD0120TT2235Z11504PF56470S1125gh :14787501022
90201100	夏旧	2021/1/20 22:34:59	2021/1/20 22:35:00	IPV4-UD...	加报报	电压:12.5V 水位...	7E7E000090201100123433002302006E210120223518F128009020110048F02821012022352611
90304020	勐底水位	2021/1/20 22:34:43	2021/1/20 22:34:00	IPV4-UD...	加报报	雨量:372.5mm 电...	7E7EFF0090304020123433002302004E210120223434F128009030402048F02821012022342611
90304030	南桥河	2021/1/20 22:15:29	2021/1/20 22:15:00	IPV4-UD...	加报报	雨量:447.5mm 电...	ST90304030DD0120TT2215Z10415PF54475S1126gh :18288313326
90305001	大文雷达	2021/1/20 22:14:40	2021/1/20 22:15:00	IPV4-UD...	加报报	电压:13.49V 水...	7E7E01009030500100003300210256EF210120221545F1F1009030500148F0F021012022153923
90305100	河底岗水文站	2021/1/20 22:10:08	2021/1/20 22:11:00	IPV4-UD...	加报报	雨量:555mm 电压...	7E7EFF0090305100123433002302005E210120221118F128009030510048F02821012022112611
20000071	勐板	2021/1/20 22:08:13	2021/1/22 3:00:00	IPV4-UD...	自报报	雨量(mm):489 4...	BEBE2000007101012101220300097809780978097809780978097809780978097809780978
20000110	忙糯	2021/1/20 22:02:27	2021/1/20 22:00:00	IPV4-UD...	自报报	雨量(mm):3935 ...	BEBE2000011001012101202200787078707870787078707870787078707870787078707870
20000153	十里箐	2021/1/20 22:02:11	2021/1/20 22:00:00	IPV4-UD...	定时报	雨量:592mm 电压...	7E7E00002000015312343200230204E2210120220034F128002000015348F02821012022002611
290001BD	双江水位	2021/1/20 22:01:25	2021/1/20 22:00:00	IPV4-TC...	均匀...	雨量(mm):509.4 ...	7E7E0053290001BD04D2310045026C19210120220000F12853290001BD48F02821012021000418
90305420	昔夏	2021/1/20 22:01:08	2021/1/20 22:00:00	IPV4-UD...	定时报	雨量:781.5mm 电...	7E7E0000903054201234320023020055210120220018F128009030542048F02821012022002611
20000002	大勐准	2021/1/20 22:01:07	2021/1/20 22:00:00	IPV4-UD...	自报报	雨量(mm):498.5 ...	BEBE2000000201012101202200099709970997099709970997099709970997099709970997
20000076	大薄山	2021/1/20 22:01:05	2021/1/20 22:00:00	IPV4-UD...	自报报	雨量(mm):3710 ...	BEBE2000007601012101202200742074207420742074207420742074207420742074207420
90236480	贺派	2021/1/20 22:01:01	2021/1/20 22:00:00	IPV4-UD...	自报报	雨量(mm):843.5 ...	BEBE9023648001012101202200168716871687168716871687168716871687168716871687
20000069	亚练	2021/1/20 22:00:58	2021/1/20 22:00:00	IPV4-UD...	自报报	雨量(mm):3957 ...	BEBE2000006901012101202200791479147914791479147914791479147914791479147914
20000116	南伞	2021/1/20 22:00:56	2021/1/20 22:00:00	IPV4-UD...	自报报	雨量(mm):3817 ...	BEBE2000011601012101202200763476347634763476347634763476347634763476347634
20000056	观音山	2021/1/20 22:00:52	2021/1/20 22:00:00	IPV4-UD...	自报报	雨量(mm):2794.5...	BEBE2000005601012101202200558955895589558955895589558955895589558955895589
90328960	彩靠	2021/1/20 22:00:52	2021/1/20 22:00:00	IPV4-UD...	自报报	雨量(mm):2878 ...	BEBE9032896001012101202200575657565756575657565756575657565756575657565756
90236610	永改	2021/1/20 22:00:50	2021/1/20 22:00:00	IPV4-UD...	定时报	雨量:507.5mm 电...	7E7E0100902366101234320023020019210120220018F128009023661048F02821012022002611
443	永安	2021/1/20 22:00:49	2021/1/20 22:00:00	IPV4-UD...	自报报	雨量(mm):840.5 ...	E44301012101202200168116811681168116811681168116811681168116811681 :14787
20000049	大坝	2021/1/20 22:00:46	2021/1/20 22:00:00	IPV4-UD...	小时报	5分钟雨量(mm):0...	7E7E01002000004900003400350222EE210120220045F1F1002000004950F0F02101202105F460
90234560	临翔金竹林	2021/1/20 22:00:45	2021/1/20 22:00:00	IPV4-UD...	定时报	雨量:714mm 电压...	7E7E0000902345601234320023020047210120220018F128009023456048F02821012022002611
20000010	博尚	2021/1/20 22:00:45	2021/1/20 22:00:00	IPV4-UD...	自报报	雨量(mm):676 6...	BEBE2000001001012101202200135213521352135213521352135213521352135213521352
20000014	林场丫口	2021/1/20 22:00:45	2021/1/20 22:00:00	IPV4-UD...	自报报	雨量(mm):1408.5...	BEBE2000001401012101202200281728172817281728172817281728172817281728172817
90225120	羊井槽	2021/1/20 22:00:45	2021/1/20 22:00:00	IPV4-UD...	自报报	雨量(mm):3479.5...	BEBE9022512001012101202200695969596959695969596959695969596959695969596959
20000038	涌宝分水岭	2021/1/20 22:00:44	2021/1/20 22:00:00	IPV4-UD...	小时报	5分钟雨量(mm):0...	7E7E01002000003800003400350221B5210120220045F1F1002000003850F0F02101202105F460
20000031	麦地	2021/1/20 22:00:44	2021/1/20 22:00:00	IPV4-UD...	自报报	雨量(mm):842 8...	BEBE2000003101012101202200168416841684168416841684168416841684168416841684
20000048	哨山	2021/1/20 22:00:44	2021/1/20 22:00:00	IPV4-UD...	自报报	雨量(mm):1442.5...	BEBE2000004801012101202200288528852885288528852885288528852885288528852885
20000060	拉去路	2021/1/20 22:00:44	2021/1/20 22:00:00	IPV4-UD...	自报报	雨量(mm):2668.5...	BEBE2000006001012101202200533753375337533753375337533753375337533753375337

图3-12　报文数据接收窗口

原始来报:西河

开始时间 2021-01-17　结束时间 2021-01-20　查询　导出excel　退出

站码	接收时间	观测时间	解析
90305400	2021-01-20 22:45:01	2021-01-20 22:45:00	雨量:647mm 电压:12.5V 水位:1475.04m
90305400	2021-01-20 22:35:01	2021-01-20 22:35:00	雨量:647mm 电压:12.5V 水位:1475.04m
90305400	2021-01-20 22:00:01	2021-01-20 22:00:00	雨量(mm):647 647 647 647 647 647 647 647 647 647 647 647 647
90305400	2021-01-20 21:30:01	2021-01-20 21:30:00	雨量:647mm 电压:12.5V 水位:1475.04m
90305400	2021-01-20 21:20:01	2021-01-20 21:20:00	雨量:647mm 电压:12.6V 水位:1475.04m
90305400	2021-01-20 21:15:01	2021-01-20 21:15:00	雨量:647mm 电压:12.6V 水位:1475.05m
90305400	2021-01-20 21:10:01	2021-01-20 21:10:00	雨量:647mm 电压:12.6V 水位:1475.05m
90305400	2021-01-20 21:05:01	2021-01-20 21:05:00	雨量:647mm 电压:12.6V 水位:1475.05m
90305400	2021-01-20 21:00:01	2021-01-20 21:00:00	雨量(mm):647 647 647 647 647 647 647 647 647 647 647 647 647
90305400	2021-01-20 20:40:01	2021-01-20 20:40:00	雨量:647mm 电压:12.6V 水位:1475.04m
90305400	2021-01-20 20:35:01	2021-01-20 20:35:00	雨量:647mm 电压:12.6V 水位:1475.05m
90305400	2021-01-20 20:15:01	2021-01-20 20:15:00	雨量:647mm 电压:12.6V 水位:1475.05m
90305400	2021-01-20 20:05:01	2021-01-20 20:05:00	雨量:647mm 电压:12.6V 水位:1475.05m
90305400	2021-01-20 20:00:01	2021-01-20 20:00:00	雨量(mm):647 647 647 647 647 647 647 647 647 647 647 647 647
90305400	2021-01-20 19:50:01	2021-01-20 19:50:00	雨量:647mm 电压:12.6V 水位:1475.04m
90305400	2021-01-20 19:00:01	2021-01-20 19:00:00	雨量(mm):647 647 647 647 647 647 647 647 647 647 647 647 647
90305400	2021-01-20 18:00:01	2021-01-20 18:00:00	雨量(mm):647 647 647 647 647 647 647 647 647 647 647 647 647
90305400	2021-01-20 17:50:01	2021-01-20 17:50:00	雨量:647mm 电压:12.9V 水位:1475.05m

图3-13　单站数据原始来报解析窗口

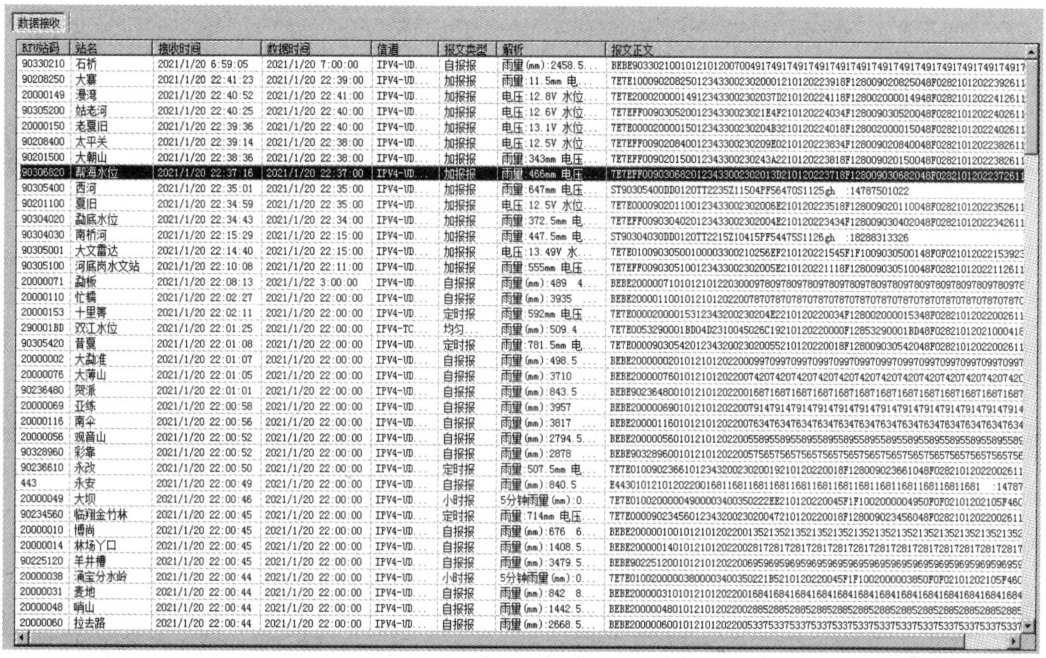

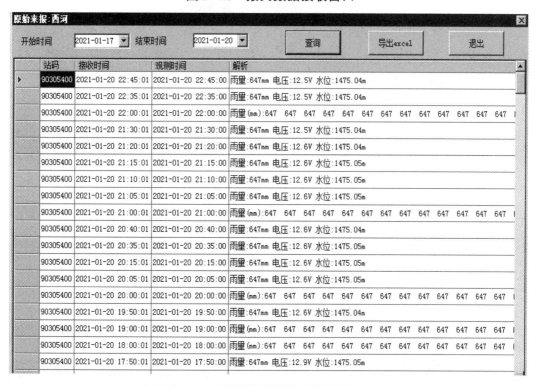

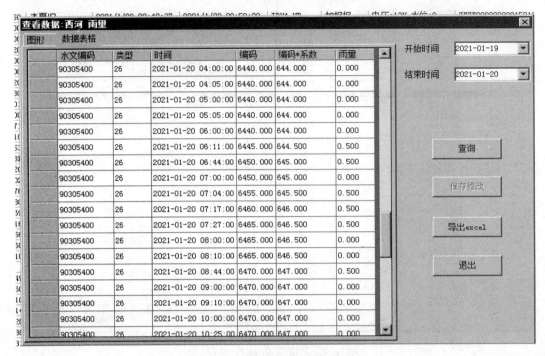

图3-14 单站传感器数据成果

其中图3-14有图形和数据表格两种表现形式。通过修改"开始时间"和"结束时间"，点击"查询"按钮可查询指定时间段的数据。点击"导出excel"按钮可以将表格数据保存为Excel文档，方便整编人员对数据的检查分析。

3.4.4 报文校验拦截

设备由于某些原因，会有不符合报文格式或超预设允许跳变阈值的数据回传，如负跳变、乱跳变、冒大数（打包）等，接收软件会进行校验拦截，如图3-15异常数据拦截检查提示检查处理。

	STCD	NOID	DataType	TM	DA	DP	DI	DQ	DV	sendflag	detail		inSerlTM
28	90211040	NULL	26	2020-10-21 06:10:56.000	70450.000	7045.000	6554.100	NULL	NULL	1	双江水位 降雨量6554.1mm，大于允许跳变30mm，请核查！数据时间：2020/10/21 6:10...		2020-10-21 06:10:56.78
29	90211040	NULL	26	2020-10-21 05:04:00.000	70415.000	7041.500	6554.600	NULL	NULL	1	双江水位 降雨量6554.6mm，大于允许跳变30mm，请核查！数据时间：2020/10/21 5:04...		2020-10-21 05:05:00.97
30	90211040	NULL	26	2020-10-21 04:50:00.000	70400.000	7040.000	6554.100	NULL	NULL	1	双江水位 降雨量6554.1mm，大于允许跳变30mm，请核查！数据时间：2020/10/21 4:50...		2020-10-21 04:50:57.500
31	90211040	NULL	26	2020-10-21 03:19:00.000	70395.000	7039.500	6554.100	NULL	NULL	1	双江水位 降雨量6554.1mm，大于允许跳变30mm，请核查！数据时间：2020/10/21 3:19...		2020-10-21 03:19:41.750
32	90211040	NULL	26	2020-10-16 19:40:00.000	70390.000	7039.000	6554.100	NULL	NULL	1	双江水位 降雨量6554.1mm，大于允许跳变30mm，请核查！数据时间：2020/10/16 19:40...		2020-10-16 19:40:10.483
33	90305340	NULL	26	2020-10-16 11:25:00.000	115195.000	11519.500	6554.100	NULL	NULL	1	孟定水位 降雨量6554.1mm，大于允许跳变30mm，请核查！数据时间：2020/10/16 11:25...		2020-10-16 11:25.39.760
34	90211040	NULL	26	2020-10-16 08:01:00.000	70385.000	7036.500	6554.100	NULL	NULL	1	双江水位 降雨量6554.1mm，大于允许跳变30mm，请核查！数据时间：2020/10/16 8:01...		2020-10-16 08:01:33.303
35	90211040	NULL	26	2020-10-16 07:07:00.000	70330.000	7033.000	6554.100	NULL	NULL	1	双江水位 降雨量6554.1mm，大于允许跳变30mm，请核查！数据时间：2020/10/16 7:07...		2020-10-16 07:07:38.887
36	90211040	NULL	26	2020-10-16 06:51:00.000	70320.000	7032.000	6554.100	NULL	NULL	1	双江水位 降雨量6554.1mm，大于允许跳变30mm，请核查！数据时间：2020/10/16 6:51...		2020-10-16 06:52:01.267
37	90211040	NULL	26	2020-10-16 00:51:00.000	70315.000	7031.500	6554.100	NULL	NULL	1	双江水位 降雨量6554.1mm，大于允许跳变30mm，请核查！数据时间：2020/10/16 0:51...		2020-10-16 00:52:04.710
38	90211060	NULL	26	2020-10-15 15:43:00.000	5455.000	545.500	107.500			1	仟佧水位 降雨量107.5mm，大于允许跳变30mm，请核查！数据时间：2020/10/15 15:43...		2020-10-15 15:42:37.717
39	90032500	NULL	26	2020-10-15 10:18:00.000	2511.000	1255.500	53.000			1	帮角 降雨量53mm，大于允许跳变30mm，请核查！数据时间：2020/10/15 10:18:00..		2020-10-15 10:17:30.163
40	90211040	NULL	26	2020-10-07 10:26:00.000	70310.000	7030.000	6554.100	NULL	NULL	1	双江水位 降雨量6554.1mm，大于允许跳变30mm，请核查！数据时间：2020/10/7 10:26...		2020-10-07 10:26:42.600
41	90234800	NULL	26	2020-10-07 08:24:00.000	1628.000	814.000	51.500			1	南代河 降雨量51.5mm，大于允许跳变30mm，请核查！数据时间：2020/10/7 8:24:00...		2020-10-07 08:23:30.853
42	90211040	NULL	26	2020-10-07 08:01:00.000	70300.000	7030.000	6554.100	NULL	NULL	1	双江水位 降雨量6554.1mm，大于允许跳变30mm，请核查！数据时间：2020/10/7 8:01:0...		2020-10-07 08:01:48.017
43	90211040	NULL	26	2020-10-07 06:01:00.000	70285.000	7028.500	6554.100	NULL	NULL	1	双江水位 降雨量6554.1mm，大于允许跳变30mm，请核查！数据时间：2020/10/7 6:01:0...		2020-10-07 06:01:16.123

图3-15 异常数据拦截检查

3.4.5 时钟校正

时钟的准确度和一致性对数据接收、解析、交换很重要,接收软件根据数据接收时间和RTU数据时间进行判断,校对时钟可按雨3-16校对时钟设置预设误差门槛值,当数据时间和服务器时间超过预设时钟误差时对RTU时钟进行自动校时,也可人工触发校时功能。服务器时间校准可人工进行或链接有公网的服务器进行时间同步校准。

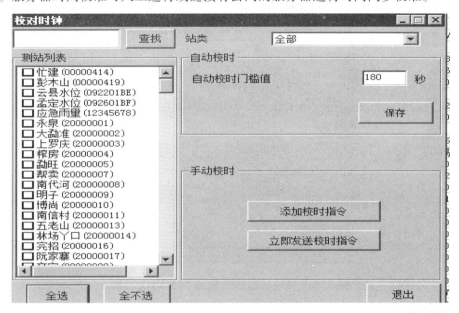

图3-16 校对时钟设置界面

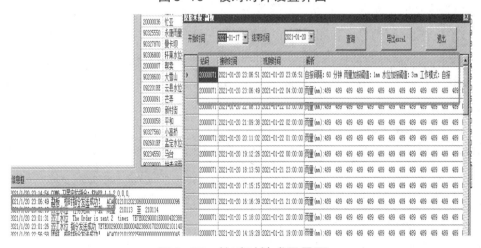

图3-17 校对时钟成果界面

图3-17校对时钟成果中可以明显看出,该站RTU时间已存在较大误差,频繁的对站点进行时间自动校时,会影响其它监测要数的传输,应进行时钟芯片维护。

3.4.6 远程RTU参数查询和修改

RTU由于老化等原因,维护时候按键冲突会导致运行参数错乱,现场设置不能完成的,可按 3-18RTU 远程参数查询或修改界面,系统具备对 RTU 的工作模式(自报、兼容报)、中心站地址(可双发)、RTU 站码、自报间隔、雨量分辨率、水位基值、雨量加报阈值、水位加报阈值、采样间隔进行实时查询或远程实时修改功能,等设备为在线状态时,参数修改成功。但 RTU 需为标准通讯规约或厂家提供修改规约,具备接收和回执查询修改指令。

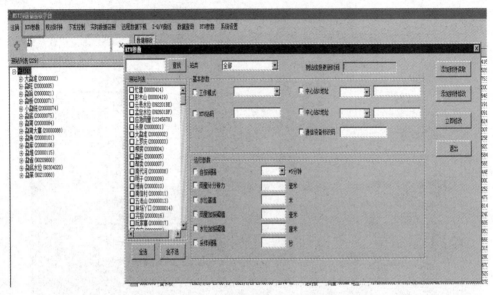

图 3-18　RTU 远程参数查询或修改界面

3.4.7　中断数据补数

(1)当测站电压馈电、DTU 通讯故障等原因时,系统每天 8:00 会对上一日测站到报率进行自动检查,系统预设了和测站 RTU 自报间隔一致的每日 24 条补数门槛数,对无 24 条整点报文站点发送自动补数指令,在下一时段进行自动补数(设备需网络在线状态)。图 3-19 所示为自动下载指令待发送的状态显示,图 3-20 为丢失数据自动远程下载成功的显示界面。

```
2021-01-21 08:11:36 十里菁(电站沟) 下载 水位 210120 至 210121 指令待发送
7E7E0090304070001234388017020000021012108113521012008210121080418000005392305D642
2021-01-21 08:11:36 大文雷达 下载 水位 210120 至 210121 指令待发送
7E7E009030500101000038801702000002101210811352101200821012108041800000539230653F33
2021-01-21 08:11:36 河底岗水文站 下载 雨量 210120 至 210121 指令待发送
7E7E0090305100FF1234388017020000021012108113521012008210121080418000005261905050683
2021-01-21 08:11:36 河底岗水文站 下载 水位 210120 至 210121 指令待发送
7E7E0090305100FF123438801702000002101210811352101200821012108041800000539230560A0
2021-01-21 08:11:36 凤尾坝 下载 雨量 210120 至 210121 指令待发送
7E7E0090306500001234388017020000021012108113521012008210121080418000005261905BC02
2021-01-21 08:11:36 凤尾坝 下载 水位 210120 至 210121 指令待发送
7E7E0090306500001234388017020000021012108113521012008210121080418000005392305DA21
2021-01-21 08:11:36 永康雨量 下载 雨量 210120 至 210121 指令待发送 AEAEAEAE020202
2021-01-21 08:11:36 黑龙 下载 雨量 210120 至 210121 指令待发送
7E7E0090325650FF123438801702000002101210811352101200821012108041800000526190505DAA
```

图 3-19　自动下载指令待发送状态

```
2021-01-21 09:10:33 十里箐（电站沟） 下载数据入库 水位 完成！
2021-01-21 09:11:40 班康 下载数据入库 雨量 完成！
2021-01-21 09:12:42 法保 下载数据入库 雨量 完成！
2021-01-21 09:13:27 黑龙 下载数据入库 雨量 完成！
2021-01-21 09:14:30 诗礼 下载数据入库 雨量 完成！
2021-01-21 09:14:56 COM6 卫星定位指令：$PAPP,1,1,2,0,0,0,
2021-01-21 09:15:06 勐简大寨 下载数据入库 雨量 完成！
2021-01-21 09:15:12 南信村 下载数据入库 雨量 完成！
2021-01-21 09:15:41 糯洒 下载数据入库 雨量 完成！
2021-01-21 09:15:45 分水岭 下载数据入库 雨量 完成！
2021-01-21 09:15:58 勐旨 下载数据入库 雨量 完成！
2021-01-21 09:16:24 大薄山 下载数据入库 雨量 完成！
2021-01-21 09:16:25 凤尾坝 下载数据入库 水位 完成！
```

图 3-20　自动下载数据成功界面

（2）由于网络波动或其它原因，自动补数不成功时，可按图 3-21 远程数据下载界面所示，使用人工远程数据下载功能，下载数据存储到实时数据表，将数据插入在线数据库中，如果勾选"补整点报文"，则会拟时间段内整点报文补充进数据库，提高报文统计畅通率，确定需下载的时间段和传感器进行下载，等设备上线即往 RTU 下发下载指令，如数据下载仍不成功，可尝试重复下载。

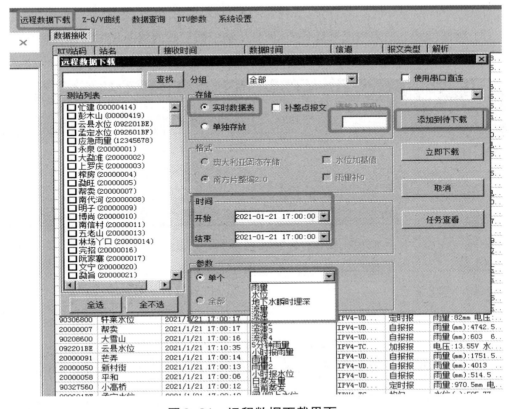

图 3-21　远程数据下载界面

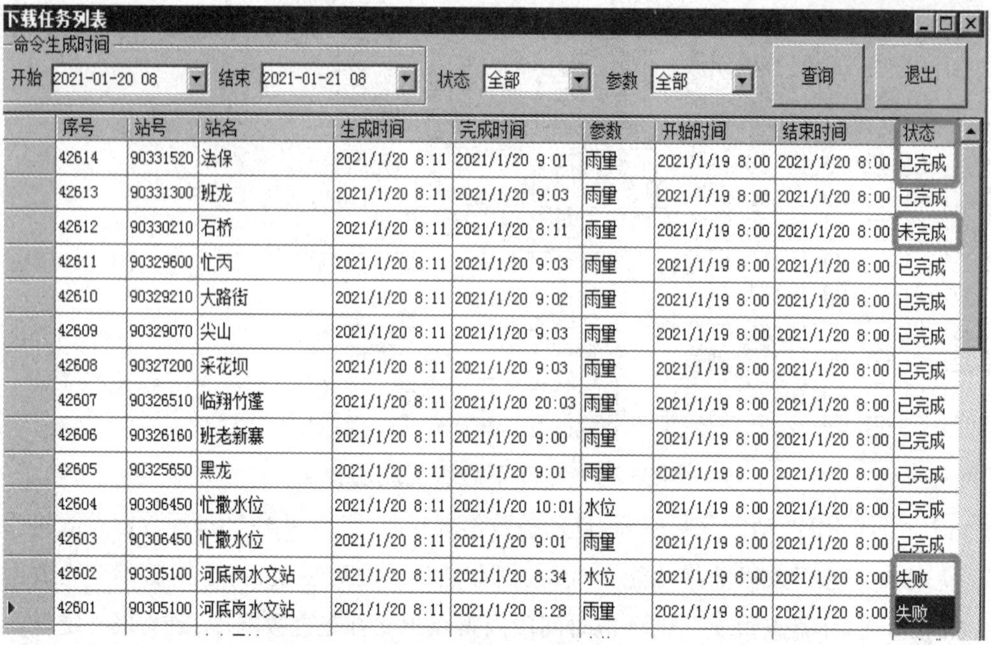

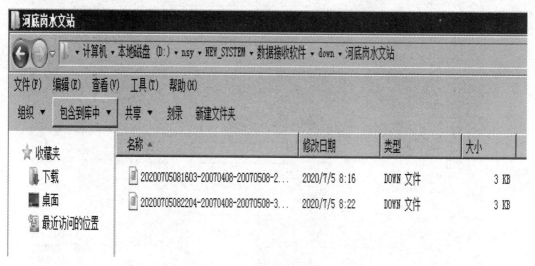

图 3-22　下载数据任务表（含自动下载）

按图 3-22 查询下载数据任务表，通过任务状态查询可知，仍有未完成、失败站点存在，可在下载任务和下载文件"down"文件夹下查询。

例：河底岗站近期未生成下载日志，信号传输中断期间的数据 RTU 不再保存有效数据，可判断该站设备需进行维护，如图 3-23。

名称 ▲	修改日期	类型	大小
20200705081603-20070408-20070508-2…	2020/7/5 8:16	DOWN 文件	3 KB
20200705082204-20070408-20070508-3…	2020/7/5 8:22	DOWN 文件	3 KB

图 3-23　河底岗站数据下载日志

例：如图 3-24 所示，石桥站第一次下载网络波动没有成功，经过再次下载数据已下载成功，会把前一日的数据自动补录入库。

序号	站号	站名	生成时间	完成时间	参数	开始时间	结束时间	状态
42670	90331520	法保	2021/1/21 8:11	2021/1/21 9:01	雨量	2021/1/20 8:00	2021/1/21 8:00	已完成
42669	90331300	班龙	2021/1/21 8:11	2021/1/21 9:01	雨量	2021/1/20 8:00	2021/1/21 8:00	已完成
42668	90330210	石桥	2021/1/21 8:11	2021/1/21 21:37	雨量	2021/1/20 8:00	2021/1/21 8:00	已完成
42667	90328960	彩靠	2021/1/21 8:11	2021/1/21 9:04	雨量	2021/1/20 8:00	2021/1/21 8:00	已完成
42666	90328650	富赛	2021/1/21 8:11	2021/1/21 9:03	雨量	2021/1/20 8:00	2021/1/21 8:00	已完成
42665	90327200	采花坝	2021/1/21 8:11	2021/1/21 9:03	雨量	2021/1/20 8:00	2021/1/21 8:00	已完成
42664	90327150	马鹿坑	2021/1/21 8:11	2021/1/21 9:03	雨量	2021/1/20 8:00	2021/1/21 8:00	已完成
42663	90326510	临翔竹蓬	2021/1/21 8:11	2021/1/21 9:03	雨量	2021/1/20 8:00	2021/1/21 8:00	已完成
42662	90325650	黑龙	2021/1/21 8:11	2021/1/21 9:01	雨量	2021/1/20 8:00	2021/1/21 8:00	已完成

图3-24　石桥站数据下载

（3）如出现报文无法解析，可按图3-25所示，利用以太网模拟发送工具进行数据重新下载，下载时需同时启动远程下载功能，对需下载的数据起止时间和参数类型进行设置下载，等下次设备上线时，下载数据即为可以解算的有效报文。

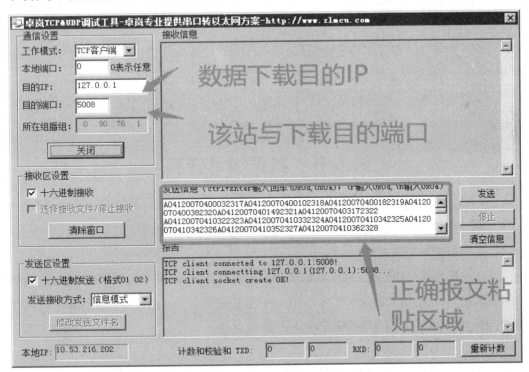

图3-25　重新模拟下载

下载回来的数据会存放在数据池NSY_RTRun_WH表内，后台统计软件会相应统计成5min整编数据,并定时更新到在线整编库里。此功能利用自动和人工干预检查和执行,最大可能为在线整编系统提供了在线设备终端数据,真正做到远程实现"同数一源",打破原来需到现场下载数据或人工调整整编数据的历时。

3.4.8 人工维护数据

对雨量站维护产生的人为雨量、水位传感器维护、浮子水位计测井清淤等人为造成水位跳变进行删除或修改为正常值,也可对设备故障需进行插补的数据根据人工观测值按水位变化过程进行数据增加,修改后和增加后的数据进入数据池 NSY_RTRun_WH 下。后台统计软件会相应统计成5min整编数据,并定时更新到在线整编库里。

3.4.9 RTU现场取数

现场取回的数据,可用电子表格整理成 NSY_RTRun_WH 字段格式数据,导入到 NSY_RTRun_WH 中,后台统计软件会相应统计成5min整编数据,并定时更新到在线整编库里。

3.4.10 接收软件处理数据合理性检查

(1)接收软件中虽然实现对数据传输中断(钟停)、冒大数(合并量)、奇异值有自动检查、自动下载或人工干预的功能,但受限于网络、设备故障等原因,还需对数据进行合理性排查。

(2)一个站号下存在多传感器情况,某一传感器故障而其它传感器正常收到整点报时,软件不会对故障传感器自动补录数据,有时需进行人工干预。

(3)某些设备实时报为预设加报,整编会使用均匀时段报进行替换,当均匀时段报不能正常回传时,合并量不会实时被替换,数据替换将会延时至下一时段。

第五节　数据统计转存

系统的统计转存模块在原始库中读取原始数据,然后对其分解、换码、分类和合理性检查等一系列处理后再写入校审数据库,保证整编数据库数据与原始数据的一致性。

3.5.1 原始数据池 NSY_RTRun

原始数据池表结构如图3-26,原始数据中的数据是测站RTU预设加报变量和定时报送的基本数据(用整编术语说就是水位、雨量的自记记录),是水情报汛和在线整编共同使用的一些实时数据,不符合整编需求的格式需求。

	STCD	NOID	DataType	TM	DA	DP	DI	DQ	DV	insertTM
1	90329400	1	26	2021-01-21 23:00:00.000	980.000	490.000	0.000	NULL	NULL	2021-01-21 22:27:51.053
2	90211060	1	39	2021-01-21 22:47:00.000	5.170	5.170	1275.170	3.060	NULL	2021-01-21 22:46:49.043
3	90211060	1	38	2021-01-21 22:47:00.000	12.400	12.400	12.400	NULL	NULL	2021-01-21 22:46:49.030
4	90231300	1	38	2021-01-21 22:47:00.000	13.000	13.000	13.000	NULL	NULL	2021-01-21 22:47:07.967
5	90231300	1	26	2021-01-21 22:47:00.000	7967.000	3983.500	0.500	NULL	NULL	2021-01-21 22:47:07.967
6	90304070	1	38	2021-01-21 22:46:00.000	12.300	12.300	12.300	NULL	NULL	2021-01-21 22:45:42.247
7	90304070	1	39	2021-01-21 22:46:00.000	12.100	12.100	802.100	NULL	NULL	2021-01-21 22:45:42.260
8	90327860	1	26	2021-01-21 22:45:00.000	3470.000	347.000	0.500	NULL	NULL	2021-01-21 22:44:40.330
9	90327860	1	38	2021-01-21 22:45:00.000	11.900	11.900	11.900	NULL	NULL	2021-01-21 22:44:40.330
10	90331520	1	26	2021-01-21 22:45:00.000	85.000	8.500	0.500	NULL	NULL	2021-01-21 22:45:07.677
11	90331520	1	38	2021-01-21 22:45:00.000	12.400	12.400	12.400	NULL	NULL	2021-01-21 22:45:07.677
12	90231300	1	38	2021-01-21 22:45:00.000	13.000	13.000	13.000	NULL	NULL	2021-01-21 22:45:06.693
13	90237910	1	26	2021-01-21 22:45:00.000	2391.000	1195.500	0.500	NULL	NULL	2021-01-21 22:43:55.917
14	90237910	1	38	2021-01-21 22:45:00.000	13.000	13.000	13.000	NULL	NULL	2021-01-21 22:43:55.917
15	90305400	1	39	2021-01-21 22:45:00.000	15.030	15.030	1475.030	1.310	NULL	2021-01-21 22:45:00.593
16	90305400	1	38	2021-01-21 22:45:00.000	12.600	12.600	12.600	NULL	NULL	2021-01-21 22:45:00.593

图3-26 原始数据池

其中：

STCD为水情使用站码；

DataType为传感器代码，其中26为实时雨量，39为实时水位，38为电压；

TM为数据时间；

DA为传感器解析数据值；

DP为传感器解析值经过换算系数换算值；

DI中，雨量为最近两次累积码解算出的雨量值，水位为通过与基值换算后的值；

insertTm为数据插入时间，是软件判断数据是否需要更新统计的关键字段。

3.5.2 雨量数据标准整编格式数据池ST_PPTN_R_ZB

水文资料在线整编数据（雨量数据格式）如图3-27，雨量数据提取原始数据池中的数据后，按实时雨量经过累加，按测站数据时间5min累加值进行数据池ST_PPTN_R_ZB中，整点收到测站均匀时段报时，对实时统计数据进行检查、校验、替换，测站故障，统计终止，有数据补录时，自动同步，避免由于实时数据丢包情况，同时剔除时段雨量为"0"的时段，只保留定时报为"0"，按预设轮询时间转发到校审数据库。

	STCD	TM	DRP	INTV	PDR	DYP	WTH	inSertTM
1	90232100	2021-01-21 23:05:00.000	1.5	NULL	NULL	NULL	NULL	2021-01-21 23:04:06.927
2	90211000	2021-01-21 23:05:00.000	0.5	NULL	NULL	NULL	NULL	2021-01-21 23:04:06.927
3	90230410	2021-01-21 23:05:00.000	0.5	NULL	NULL	NULL	NULL	2021-01-21 23:04:06.927
4	90330810	2021-01-21 23:05:00.000	0.5	NULL	NULL	NULL	NULL	2021-01-21 23:04:06.927
5	90305200	2021-01-21 23:05:00.000	0.5	NULL	NULL	NULL	NULL	2021-01-21 23:04:06.927
6	90201200	2021-01-21 23:05:00.000	0.0	NULL	NULL	NULL	NULL	2021-01-21 23:04:06.927
7	90231700	2021-01-21 23:05:00.000	0.5	NULL	NULL	NULL	NULL	2021-01-21 23:04:06.927
8	90330300	2021-01-21 23:00:00.000	0.0	NULL	NULL	NULL	NULL	2021-01-21 23:04:06.927
9	90231700	2021-01-21 23:00:00.000	0.0	NULL	NULL	NULL	NULL	2021-01-21 23:04:06.927
10	90233980	2021-01-21 23:00:00.000	0.0	NULL	NULL	NULL	NULL	2021-01-21 23:04:06.927
11	90209080	2021-01-21 23:00:00.000	0.0	NULL	NULL	NULL	NULL	2021-01-21 23:04:06.927
12	90237870	2021-01-21 23:00:00.000	0.0	NULL	NULL	NULL	NULL	2021-01-21 23:04:06.927
13	90237880	2021-01-21 23:00:00.000	0.0	NULL	NULL	NULL	NULL	2021-01-21 23:04:06.927
14	90328820	2021-01-21 23:00:00.000	0.0	NULL	NULL	NULL	NULL	2021-01-21 23:04:06.927
15	90225070	2021-01-21 23:00:00.000	0.0	NULL	NULL	NULL	NULL	2021-01-21 23:04:06.927
16	90237910	2021-01-21 23:00:00.000	0.0	NULL	NULL	NULL	NULL	2021-01-21 23:04:06.927

图 3-27 水文资料在线整编数据（雨量数据格式）

3.5.3 水位标准整编格式数据池 ST_RIVER_R_ZB

水文资料在线整编数据（雨量数据格式）如图 3-28，水位数据以整点作为统计时间分界点，已收到的报文按时间靠近原则进行实时统计 5min 数据，如无报文进入，默认为平水统计平移一小时，整点仍无报文数据进入时，平移停止，视为测站故障；有数据补录时，自动同步完成数据更新，同时用均匀时段数据进行检查、校验、替换不一致水位数据。

	STCD	TM	Z	XSA	XSAVV	XSMXV	FLWCHRCD	WPTN	MSQMT	MSAMT	MSVMT	inSertTM
1	90211000	2021-01-21 23:20:00.000	1029.080	NULL	NULL	NULL	NULL	NULL	NULL	NULL	NULL	2021-01-21 23:21:10.343
2	90306500	2021-01-21 23:20:00.000	822.190	NULL	NULL	NULL	NULL	NULL	NULL	NULL	NULL	2021-01-21 23:21:10.343
3	90208400	2021-01-21 23:20:00.000	1012.310	NULL	NULL	NULL	NULL	NULL	NULL	NULL	NULL	2021-01-21 23:21:10.343
4	90209400	2021-01-21 23:20:00.000	1666.180	NULL	NULL	NULL	NULL	NULL	NULL	NULL	NULL	2021-01-21 23:21:10.343
5	90209560	2021-01-21 23:20:00.000	1075.040	NULL	NULL	NULL	NULL	NULL	NULL	NULL	NULL	2021-01-21 23:21:10.343
6	90304000	2021-01-21 23:20:00.000	834.350	NULL	NULL	NULL	NULL	NULL	NULL	NULL	NULL	2021-01-21 23:21:10.343
7	90209080	2021-01-21 23:20:00.000	1107.720	NULL	NULL	NULL	NULL	NULL	NULL	NULL	NULL	2021-01-21 23:21:10.343
8	90210060	2021-01-21 23:20:00.000	1217.430	NULL	NULL	NULL	NULL	NULL	NULL	NULL	NULL	2021-01-21 23:21:10.343
9	90209000	2021-01-21 23:20:00.000	1520.800	NULL	NULL	NULL	NULL	NULL	NULL	NULL	NULL	2021-01-21 23:21:10.343
10	90304020	2021-01-21 23:20:00.000	784.720	NULL	NULL	NULL	NULL	NULL	NULL	NULL	NULL	2021-01-21 23:21:10.343
11	90211060	2021-01-21 23:20:00.000	1275.170	NULL	NULL	NULL	NULL	NULL	NULL	NULL	NULL	2021-01-21 23:21:10.343
12	90209320	2021-01-21 23:20:00.000	1421.020	NULL	NULL	NULL	NULL	NULL	NULL	NULL	NULL	2021-01-21 23:21:10.343
13	90305100	2021-01-21 23:20:00.000	615.970	NULL	NULL	NULL	NULL	NULL	NULL	NULL	NULL	2021-01-21 23:21:10.343
14	90305000	2021-01-21 23:20:00.000	1443.840	NULL	NULL	NULL	NULL	NULL	NULL	NULL	NULL	2021-01-21 23:21:10.343
15	90304030	2021-01-21 23:20:00.000	824.150	NULL	NULL	NULL	NULL	NULL	NULL	NULL	NULL	2021-01-21 23:21:10.343
16	90208250	2021-01-21 23:20:00.000	1415.620	NULL	NULL	NULL	NULL	NULL	NULL	NULL	NULL	2021-01-21 23:21:10.343

图 3-28 水文资料在线整编数据（水位数据格式）

3.5.4 统计转发线程设计

系统统计模块线程见图 3-29，经过链接 Tostcd8 表（图 3-30），分解、换码各传感器数据（即一站两码、或在线站点水情站码与整编站码不一致等情况），直观的在在线整编系统中查看站点或某站点某一传感器故障,方便整编工作人员及时掌握测站故障的传感器类型,以及故障时长。

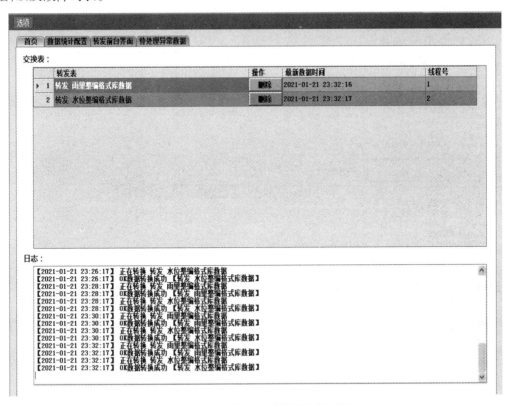

图3-29　在线整编数据转发线程

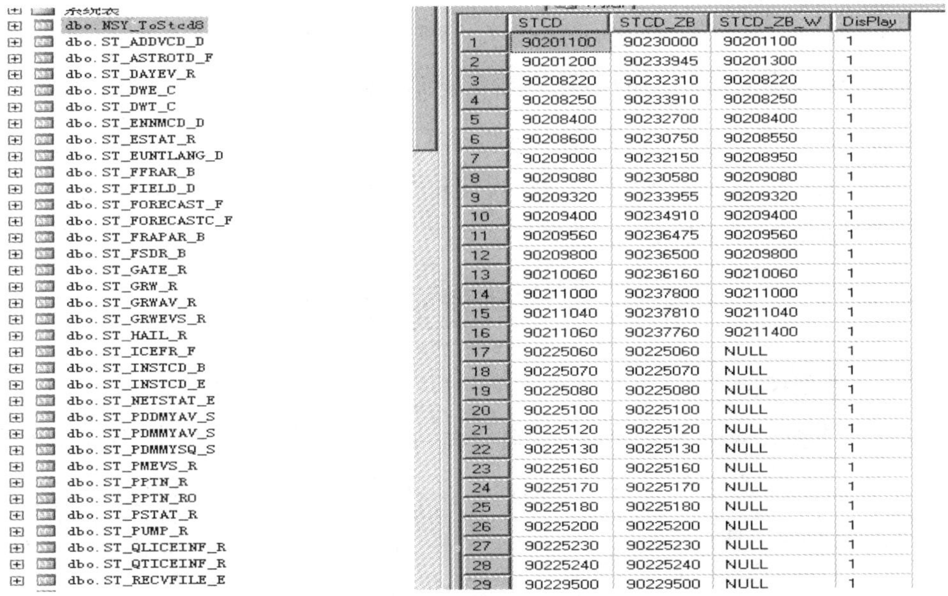

图3-30　站码转换表

```
Flag=1
NAME=转发 雨量整编格式库数据
IP1=10.53.216.202
SqlUser1=sa
SqlPwd1=lcsq@20050501
IP2=10.53.216.208
SqlUser2=sa
SqlPwd2=lcsq@20050501
parameter[0]=NSY_NEW
parameter[1]=merge into ISTRONG_ZB_TRANSITION.dbo.ST_PPTN_R as d  using (select b.STCD_ZB as
STCD, a.TM, a.DRP, a.INTV, a.PDR, a.DYP, a.WTH from @ITSV@.NSY_NEW.dbo.ST_PPTN_R_ZB a, ISTRONG_ZB_TRANSITION.dbo.NSY_ToStcd8 b where
a.inSertTM>'@TM1@' and a.inSertTM=getdate() and a.STCD=b.STCD and b.STCD_ZB is not NULL) as s  on (s.STCD = d.STCD and s.TM =
d.TM ) when matched and (s.drp<>d.drp or s.drp<>isnull(d.drp,99)) then update set d.DRP = s.DRP, d.DYP = s.DYP, d.INTV =
s.INTV, d.WTH = s.WTH when not matched then insert (STCD, TM, DRP, INTV, PDR, DYP, WTH) values
(s.STCD, s.TM, s.DRP, s.INTV, s.PDR, s.DYP, s.WTH);
parameter[2]=
parameter[4]=
parameter[5]=''
parameter[3]=ISTRONG_ZB_TRANSITION
parameter[12]=1
parameter[16]=120
parameter[9]=2021-01-21 23:40:17
[DATA2]
Flag=1
NAME=转发 水位整编格式库数据
IP1=10.53.216.202
SqlUser1=sa
SqlPwd1=lcsq@20050501
IP2=10.53.216.208
SqlUser2=sa
SqlPwd2=lcsq@20050501
parameter[0]=NSY_NEW
parameter[1]=merge into ISTRONG_ZB_TRANSITION.dbo.ST_RIVER_R as d  using (select b.STCD_ZB_W as STCD, a.TM, a.Z from
@ITSV@.NSY_NEW.dbo.ST_RIVER_R_ZB a, ISTRONG_ZB_TRANSITION.dbo.NSY_ToStcd8 b where a.inSertTM>'@TM1@' and a.inSertTM<=getdate()
and a.STCD=b.STCD and b.STCD_ZB_W is not NULL and a.Z IS NOT null ) as s  on (s.STCD = d.STCD and s.TM = d.TM) when matched and
s.Z<>d.Z then update set d.Z= s.Z when not matched then insert (STCD, TM, Z) values (s.STCD, s.TM, s.Z);
parameter[2]=
parameter[4]=
parameter[5]=''
parameter[3]=ISTRONG_ZB_TRANSITION
parameter[12]=2
```

可改变此时间对数据同步轮询时间或需重新同步的数据时间进行同步。

图3-31　统计转发线程设计

由于时钟不一致、网络波动影响等原因,造成数据漏统计,可按图3-31线程设计,更改统计软件时间,对历史数据进行重新统计,统计后数据及时推送到校审数据库。

无统一接收系统的,亦可设计不同线程到各接收系统中转存整编格式数据。

软件对数据的转存是已数据插入时间为首先判断数据是否需要更新转存,即对某一时段的数据修改时间是否为大于前一次转存时间,同时小于本次转存时间,保证了对历时数据的更新能实时转存至校审数据库。

第六节　数据监控(前台)

经过数据接收处理系统对数据处理后,实现工况信息和水文要素监测信息,监测状态和数监测据可在WEB网页上进行实时查询,如图3-32~34。为使用在线整编系统的工作人员不用进入服务器就可在网页上查看、判断测站工作状态,以及数据维护和补录数据是否异常等工作。

图 3-32　测报系统登录 WEB 界面

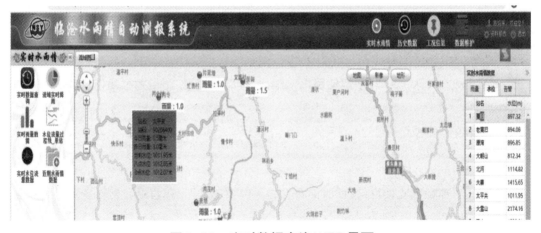

图 3-33　实时数据查询 WEB 界面

可选择站点对监测水文要素进行数据查询。红色代表测站故障。

图 3-34　测站状态查询 WEB 界面

（1）工况信息：传回的信息组数（图 3-35）、电池电压（图 3-36）等，用于判断数据的完整性和对测站状态的监督。

(2)水文要素监测信息:RTU预设不同传感器的采集精度、采集周期、采集变量,按通讯协议传回的测站监测数据信息,如图3-37~40。

	测站名称	测站编码	应到条数	实到条数	畅通率	超短波通道	GPRS通道	短信通道	网络通道
1	勐省	90209800	24	24	100.0	0	22	0	2
2	鲁史	90225070	24	21	87.5	0	21	0	0
3	河底岗水文站	90305100	24	22	91.6	0	22	0	0

图3-35 测站某日数据回传组数情况查询

	测站编码	测站名称	最后数时间	未来数时间(小时)	电压
1	90201200	大朝山	2020-12-01 21:18:43	0	12.5
2	90209800	勐省	2020-12-01 21:00:00	0	12.9
3	90225070	鲁史	2020-12-01 21:00:00	0	13

图3-36 测站最近工作状态和实时电压情况查询

	测站硬件编码	站名	8位统一编码	标准类型	字头	备用	传输方	自动下载	上次	DTU电话号码	定时间隔 小时	雨量阈值 斗	水位阈值 厘米
1	90225220	梭桃林	90231310	PP	7E7E			1		18288313252	60		3
2	90305200	姑老河	90305200	ZQ	7E7E			1		13988343580	60	1	30
3	90329000	姑老河雨量	90305200	PP	7E7E			1		18388891715			
4	405	马家寨	90327100	PP	BEBE			1		15987267073	60	1	3

图3-37 RTU站码、水情使用报汛编码、传感器情况、雨量加报阈值等查询

22	90329400	2020-12-01 14:59:28	2020-12-01 22:00:00	BEBE20000071010120120122000970009700097000970009700097000970009970	正确	自报	GPRS
23	90329400	2020-12-01 15:58:04	2020-12-01 23:00:00	BEBE20000071010120120123000970009700097000970009700097000970009970	正确	自报	GPRS
24	90329400	2020-12-01 17:55:18	2020-12-01 17:55:18	ACAC20000071201201175501010301	正确	定时报	GPRS
25	90329400	2020-12-01 18:00:44	2020-12-01 18:00:00	BEBE2000007101012012011800009700FFFFFFFFFFFFFFFFFFFFFFFFFFFFFFFFFFFFF0970	正确	自报	GPRS
26	90329400	2020-12-01 18:59:20	2020-12-01 19:00:00	BEBE20000071010120120119000970009700097000970009700097000970009970	正确	自报	GPRS
27	90329400	2020-12-01 19:57:56	2020-12-01 20:00:00	BEBE20000071010120120120000970009700097000970009700097000970009970	正确	自报	GPRS

图3-38 原始报文情况(该站时间存在较大误差,时钟远程自动校时订正后正常)

90201100	2020-11-30 09:00:00	2020-11-30 09:00:00	7E7E00009020110012342000020000201130090000F1F10090201100048F0F02011300900392300015410030	正确	定时报	网络
90201100	2020-11-30 09:00:03	2020-11-30 09:00:00	BEBE902300000101201130090038733873387338733873387338733873387338733873	正确	自报	GPRS
90201100	2020-11-30 10:00:00	2020-11-30 10:00:00	7E7E00009020110012342000020000201130100000F1F10090201100048F0F02011301100392300015360030	正确	定时报	网络
90201100	2020-11-30 11:00:00	2020-11-30 11:00:00	7E7E00009020110012342000020000201130110000F1F10090201100048F0F02011301100392300015390030	正确	定时报	网络
90201100	2020-11-30 11:57:52	2020-11-30 11:57:00	7E7E000090201100123433000230201E720113001151718F12B0090201100048F028201130115726117653912153	正确	加报	GPRS

图3-39 原始报文情况(中断数据但经过系统自动补录后下载成功,数据来源显示网络)

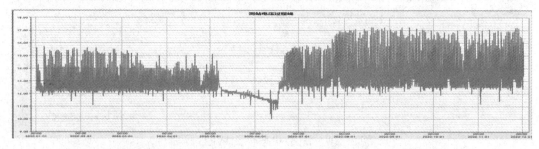

图3-40 测站电压过程线(某站电压供电异常,更换电池后工作正常)

(3)人工数据维护

对雨量站维护产生的人为雨量、水位传感器维护、浮子水位计测井清淤等人为造成水位跳变进行删除或修改为正常值,也可对设备故障需进行插补的数据根据人工观测值按水位变化过程进行数据增加,如图3-41。

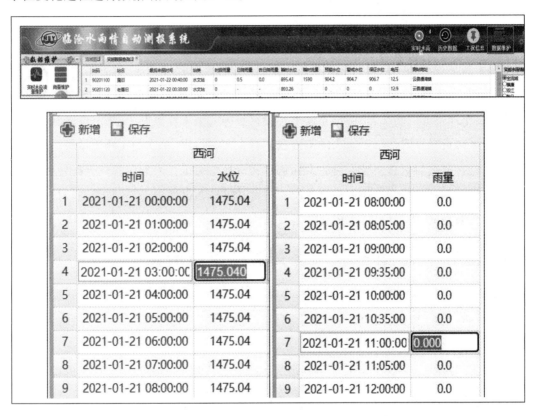

图3-41　人工维护界面

第四章 水文资料在线整编系统

为了满足最严格水资源管理制度的实施、河(湖)长制管理考核、生态水量管理、水资源年报编制等工作对水文资料整编时效的要求,就要改变水文资料整编要在全年外业测验结束后才开始进行的观念,调整完善水文资料整编汇编工作机制,实施水文资料在线整编,做到水文资料日清月结。每天的监测数据有人实时校审,每次的实测流量及时上图跟踪定线,资料整编与审查交叉进行。为优化水文资料整编工作人力资源的分配使用,解决水文资料整编时效,切实提高相应流量使用精度,实现"数据填报、资料整编、实时统计、水文计算、成果查询、成果编排"集成功能。《水文资料在线整编系统》为此使命而设计。

第一节 水文资料整编沿革

根据水文资料整编软件研发使用的计算机硬件平台区分,我国水文资料整编可划分为四个时期:

4.1.1 人工整编时期(1976年以前)

1976年以前,老一辈水文人使用算盘、计算尺、计算器等工具繁复计算完成每个年度的水文资料整编工作。

4.1.2 DJS-6机时期(1976—1986年)

DJS-6机是我国自行设计制造的中型晶体管、由专业系统操作管理员统一控制使用的通用数据运算、处理的计算机。该时期为我国水文资料整编软件研发及应用的初始时期,由长江水利委员会水文局牵头,有关省区协作,在DJS-6机上研究、设计、编程、调试、测试出水位、流量、泥沙资料整编软件,此软件适用于河道站的水位、流量、泥沙资料计算整编且编排相关整编成果表。当时的水文资料整编软件用ALGOL-60语言编程,数据以纸带方式穿孔,用光电机输入。由于采用纸带穿孔记录信息,给校对和改错带来了较大困难。可贵的是,这一时期的软件研发,系统解决了水文资料整编计算的一系列技术问题,这些解决问题的思路和方法为之后的软件研发积累了宝贵的经验。

4.1.3 VAX机时期(1987—1991年)

VAX系列机是美国DEC公司在PD-11系列机上发展起来的一个计算机系列,它在小型机的发展阶段上占有重要的地位。在VAX-11型计算机上,长江水利委员会水文局和黄河水利委员会水文局采用FORTRAN语言先后研发了河道站水位、流量、泥沙及降水量水文资料整编软件。在该时期,因终端机的出现改变了以往用纸带穿孔记录信息的工作模式,给数据填报、校对和改错工作带来了极大便利。但由于各省区水文局 VAX 机拥有数量少,繁重的水文数据加工填报工作仍只能由少数人员集中在特定的终端机上完成,使得数据资料、整编成果保存和便捷应用等方面受到诸多因素限制。其间水文年鉴先后停刊。

4.1.4　微型计算机时期(1992—2018年)

微型计算机成功面世后,其成长、发展及成熟速度极快,尤其是内存及外围设备发展日新月异;以 DOS、Windows、Linux 为主流的操作系统技术日益成熟并被广泛使用;各种软件研发语言环境丰富多彩。

(1)微型计算机时期(1992—2002年)

微型计算机的迅速发展及普及,编程语言及操作系统的丰富多样,为水文资料整编软件的发展带来了良好的成长环境。河北、山东、江苏、浙江、安徽、四川、云南、贵州、广东、江西、海南等各省区水文局积极组织,经软件研发人员刻苦钻研,结合本省区水文资料整编项目实际,分别使用 FORTRAN、BASIC、PASCAL 等语言研发在 DOS 操作系统下应用或使用 VB、VC 等语言研发在 Windows 操作系统下应用的多个水文资料整编软件,可谓百花齐放。水文资料整编软件可以完成的整编资料项目,从水位、流量、沙量、降水量扩大到水温、气温、蒸发量、潮位、潮量、颗分、综合资料等;软件不仅适用于水文(位)站,也适用于水库站及堰闸站;软件不但能进行整编计算,还能进行各种关系线、过程线等图形绘制;软件界面更加友好,计算过程中对数据的检错能力大大加强,上机人员借助出错提示能比较容易判读和查找因数据填报产生的各种错误。但由于各省区水文局及其下属分局和测站配备计算机受资金、折旧年限长等因素制约,该时期计算机配置参差不齐,性能差异较大,在安装和运行水文资料整编软件时产生兼容性问题。各省区在研发软件过程中,在遵循水文资料整编规范的前提下因地制宜,软件几乎仅限于本省区使用,以提高本省区工作效益为目的,这样便造成了日后拓展整编软件适用范围的局限性。

(2)微型计算机时期(2003—2018年)

随着全国恢复水文年鉴汇编刊印工作的启动,各单位所研发的整编软件在具备对本区工作方便的同时,受区域性局限的问题也随之凸显。为此,长江水利委员会水文局及黄河水利委员会水文局相继组织研发了"南方片水文资料整编系统"及"北方片水文资料整编系统"软件。

南方片水文资料整编系统软件采用《基础水文数据库表结构及标识符标准》(SL 324-2005)的数据库表结构,各模块功能得到加强,操作更加简便。具有 GIS 管理、水文资料整编汇编、水文资料整编报表编排、测站水文要素相关性图形显示、系统安全设置等功能。

北方片水文资料整编系统软件采用 Borland Developer studio 2006 研发,数据库管理系统采用 MicroSoft SQL Server。软件结构采用多文档模式,数据库连接方式采用 ADO。本系统属于 C/S 结构,扩展性强。

南方片水文资料整编系统软件及北方片水文资料整编系统软件承担着目前我国所有水文站的水文资料计算整编工作任务。随着现代信息技术的飞速发展,从南方片和北方片水文资料整编系统软件目前没有实时处理及数据共享功能看,已经受到了自动测报仪器数据收集转换、手工填报数据及提供社会直接服务等现实问题的严重挑战。南方片、北方片两个整编系统在功能合并统一后称为《全国水文资料整编系统》,然而新系统的进一步完善、升级改造、添加新功能也势在必行。

4.1.5　互联网+时期(2019年至今)

《水文资料在线整编系统》出现,改变了传统静态年度整编模式,开启了水文资料在线整编动态模式新纪元,显现了互联网+动态实时在线整编魅力。

第二节　系统概念

水文资料整编:是对原始观测的水文资料按科学方法和统一规格,分析、计算、统计、审核、汇编、刊印或储存等工作的总称。

水文资料在线整编:是采用互联网技术与在线监测设备对各类水文要素监测资料进行实时整编,输出符合质量标准的成果的过程,简称在线整编。

水文资料在线整编系统:是集数据交互、存储、处理、推流推沙、计算整编、成果检查、图表制作、成果编排输出于一体,开展在线整编和资料成果互审互查的整汇编软件系统,简称在线整编系统。

第三节　系统设计实施意义

系统结合互联网+数据存储及水文监测改革与先进在线设备方式,彻底改变了以往要在全年外业测验结束后才开始整编的状况,创新了远程水文测验与异地资料整编智能、动态工作模式及方法,突破了长期制约水文测验与资料整编脱节、难以无缝对接的技术瓶颈。

系统实施能优化水文资料整编工作人力资源的分配使用,解决水文资料整编时效,切实提高相应流量实时使用精度。

系统对在线数据及人工测验数据填报进行筛分监控、校审,采用已定或及时校正的曲线进行实时推求流量,以实时自动整编方式编排符合规范要求的单站水文资料综合成果、单站水文资料整编成果、分局降水蒸发整编成果、水文年鉴编排数据及流域水文年鉴,结束了需要人工对资料成果表进行查找、分类、统计、编排、表检、串接、编码及装订的历史。

系统实现了同一个水文要素值可在多处多次调用，保障了该要素值在系统内的唯一性，有效避免了整编工作中需人工重复填报造成的失误，提高了水文资料的准确性。

系统统一了水文监测信息获取、数据填报、数据校审、资料整编、成果文档编制、水文年鉴编排数据及流域水文年鉴编排。

系统完成了以往以年度时段静态资料整编转变为目前实时动态资料整编工作模式的转换，创造性提高了水文资料整编工作效率，产生的社会经济效益显著。

系统实现了"数据填报、资料整编、实时统计、水文计算、成果查询、成果编排"集成功能，更好地服务于社会经济发展需求。

第四节　系统设计依据

《水文资料在线整编系统》采用互联网+数据存储及水文监测改革与先进在线设备方式设计，除人工测验数据需人工填报处理入整编数据库外，对在线数据入原始数据库、对原始数据库数据校审、对校审数据库数据流量断沙推求、对整编数据库数据资料整编均能自动完成正常状态下各项目作业流程，处理过程不需要人工操作，实现水文资料在线整编自动化。其设计框架见图4-1所示。

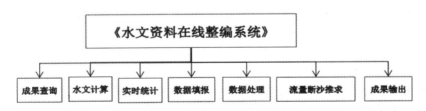

图4-1　《水文资料在线整编系统》设计框架

网络模式运行《水文资料在线整编系统》能自动完成正常状态下水文资料在线整编；对非正常状态下人工操作，选择"成果查询 水文计算 实时统计 数据填报 数据校审 流量断沙推求 资料整编"按键即进入相应人工操作状态。

系统设计依据：中华人民共和国国家标准《水位观测标准》(GB/T50138-2010)、《河流流量测验规范》(GB50179-2015)、《河流悬移质泥沙测验规范》(GB/T50159-2015)及中华人民共和国水利行业标准《声学多普勒流量测验规范》(SL337-2006)、《水文年鉴汇编刊印规范》(SL/T460-2020)、《水工建筑物与堰槽测流规范》(SL537-2011)、《水文资料整编规范》(SL/T247-2020)、《水面蒸发观测规范》(SL630-2013)、《水文测量规范》(SL58-2014)、《降水量观测规范》(SL21-2015)及各级相关技术规定。

系统研发名称：《水文资料在线整编系统》。具体分列模块是：成果查询、水文计算、实时统计、数据填报、数据校审、流量断沙推求及资料整编。

第五节 系统设计特点

系统设计特点包含易用性、先进性、可扩展性、实用性、安全可靠性及可维护性。

4.5.1 易用性

在系统人机界面做到简洁易用的同时,对每一个功能流程的实现做到有效合理,充分考虑人性化。

4.5.2 先进性

在实用可靠的前提下,尽可能选用国内外先进的计算机软硬件技术、信息技术,使系统具有较高的性能价格比。采用先进的解决方案体系结构和技术发展的主流通用产品,保证整个系统高效运行。

4.5.3 可扩展性

应用系统采用模块化接口设计,以子系统作为各功能模块的边界,各子系统之间相互独立,通过指定接口进行连接。因此,系统功能的改变体现在子系统功能模块的增减上,整体系统不会因技术改造或前端检测设备的增加而重新调整。

4.5.4 实用性

系统建设以满足水文资料在线测验及在线整编需求为首要目标,设计方案以各个部门的可接受能力为尺度。

4.5.5 安全可靠性

遵循国家有关安全标准,具有切实可行的安全保护和保密措施,以及对计算机犯罪的防范能力,确保数据永久安全。程序、文件、数据库有授权保护;系统内数据的读写、存储、传输过程中通过数据校验,保证数据的完整性。

4.5.6 可维护性

硬件设备的选型选择国内具有维护力量和技术支持能力的设备,硬件的连接采用标准化接口;软件设计采用面向对象的程序设计,便于系统功能删减的修改和扩充。

4.5.7 水文资料在线整编"五落实"

"五落实"是落实随测、落实随算、落实随整理、落实随分析、落实随处理的简称。随,限取随即、当下、即刻、实时之意。"五落实"是确保测验资料时效及质量的重要环节,必须按照规定的要求"时清日结"完成各项任务。"五落实"是水文资料在线整编的灵魂,贯穿于水文资料在线整编的始终,具有规范性、明确性、组织性、纪律性、时效性特征。

(1)规范性

首先,"五落实"的出现是以规范定义的形式出现,在《水文资料在线整编规范》(以下简称"规范")术语和定义中,明确了"五落实"的内涵和外延。其内涵是落实随测、随算、随整理、随分析、随处理,外延是确保测验资料时效及质量的重要环节,按照规定的要求完成各项任务。

其次,对"五落实"的内容以"规范"的形式呈现。"规范"共8个章节,尽管内容不同,有7个章节直接或间接展现了"五落实"。

(2)明确性

明确性包括适用范围、适用主体、适用内容几个方面。

适用范围:"规范"规定开展水文资料在线整编的流程、质量控制与管理要求,保证在线整编成果质量的措施。适用于云南省及其相关区域范围基本站、专用站水文资料在线整编工作。

适用主体:"规范"4.4在线整编管理明确了"五落实"的参与主体为省局、分局、业务科室及测站的相关人员;在"规范"8在线整编审查与复审明确了"五落实"的参与人员。

适用内容:"规范"4.1在线整编流程、4.3在线整编内容、4.5在线整编质量及6人工填报信息及处理明确了流程、工作内容、质量及填报要求。

(3)组织性

水文资料在线整编工作是一个系统的工作,不是一个人能够独立完成,为确保测验资料时效及质量,"规范"明确了不同主体承担的责任和义务。"规范"4.4在线整编管理、4.6在线整编权限、5在线整编数据库及8在线整编审查与复审形成了一个完备的组织管理。

(4)纪律性

指为维护并保证水文资料在线整编工作进行而要求工作人员必须遵守的规章、条款。纪律是确保水文资料在线整编工作落到实处的行为规则,其内容包含时效原则:当下、即刻、实时;工作准则:认真、严谨、精准;量化评价:对拦截处理、实时推流(沙)、合理性检查进行量化评价。

(5)时效性

指从信息源发送数据信息后经过接收、加工、传递、使用的时间间隔及其效率。时间间隔越短,使用信息越及时,使用程度越高,时效性越强。时效性是确保水文资料在线整编质量的关键。"规范"4.5在线整编质量及7在线整编动态水位流量关系曲线绘制等章节对在线整编动态水位流量关系曲线理论"采用已定或及时校正的曲线进行实时推求流量"做了明确规定。

第六节　系统流程结构

《水文资料在线整编系统》采用互联网+数据存储及水文监测改革与先进在线设备方式,实现成果查询、水文计算、实时统计、数据填报、数据校审、流量断沙推求及资料整编七项功能。其设计流程图见图4-2所示。

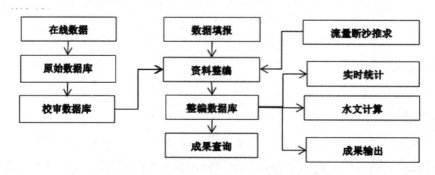

图4-2 《水文资料在线整编系统》设计流程图

《水文资料在线整编系统》对在线数据及人工测验数据入库,对原始数据库数据校审,对校审数据库数据进行流量断沙推求,对整编数据库数据以实时自动完成各项目资料整编并形成符合《水文资料整编规范》及《水文年鉴汇编刊印规范》要求的单站水文资料综合成果、单站水文资料整编成果、分局降水蒸发整编成果、水文年鉴编排数据及流域水文年鉴。水位流量关系图结点数据库及单沙断沙关系图结点数据库为流量断沙推求辅助数据库。其中所涉及的3个数据库是:

(1)原始数据库:存储水文资料监测中在线数据。

(2)校审数据库:是从原始数据库取出数据且经过数据校审后的新数据库。

(3)整编数据库:是从校审数据库取出数据且进行流量断沙推求后及人工测验数据填报的新数据库,用该库数据解决资料整编,同时可完成果查询、水文计算、实时统计等应用。

第七节 在线数据及人工测验数据填报处理

在线数据均由系统自动处理入到整编数据库进行在线整编;人工测验数据填报处理模块是对人工测验数据分别按项目资料要求进行数据填报处理入库到整编数据库实施在线整编。因为人工测验数据填报处理模块工作内容相对独立具体,是测站人工测验项目资料采集、填报、校验、计算、汇集等各个步骤的全过程,故将此模块专列为《水文资料在线整编系统》中的《水文资料人工测验数据填报处理系统》处理,运行界面图见图4-3所示。

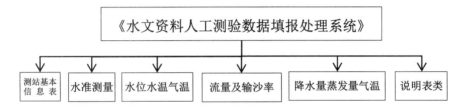

图 4-3 《水文资料人工测验数据填报处理系统》运行界面图

点击所需选择按键即可进入相应人工操作状态。

4.7.1 填报处理思路

《水文资料人工测验数据填报处理系统》是对水文资料人工测验项目水准测量、水位、流量、输沙率、水温、气温、降水量、蒸发量等数据值采用互联网+数据存储及水文监测改革与先进在线设备方式实现对每个表项进行数据填报、数据校验及数据计算与入库到《水文资料在线整编系统》整编数据库参加水文资料在线整编的系统。设计思路包含以下三个方面：

（1）数据填报

将人工测验获取的水准测量、水位、流量、输沙率、水温、气温、降水量、蒸发量等表项资料数据，按系统界面给定的数据格式填报网络在线软件处理系统。

（2）数据校验

对填报各测验项目的数据，通过对不同的测验项目内容设置相应的边界条件及参数进行校验，对不满足条件的数据要进行完善修改，直到数据正确。

（3）数据计算与入库

对填报各测验项目的数据，根据不同的内容及相应需求采用对应的计算公式进行计算处理，得到的成果数据直接入库到《水文资料在线整编系统》整编数据库参加水文资料在线整编。

4.7.2 填报处理设计

（1）测站基本信息表填报处理设计（1项）

测站基本信息表即为《全国水文资料整编系统》测站基本信息表，包含测站一览表、整编数据库测站信息、降水量观测场沿革表。其中测站一览表、整编数据库测站信息、降水量观测场沿革表数据均为测站自身及相关的固定或稳定信息。

（2）水准测量填报处理设计（5项）

水准测量包含水准测量记载簿、水准测量成果表、水准测量记载表、水深及水上部分间距测量记载表、实测大断面成果表。其中水准测量记载簿为封面，水准测量成果表为原始数据记载表及次生表，水准测量记载表、水深及水上部分间距测量记载表为原始数据记载表,实测大断面成果表为次生表或原始数据记载表。

（3）水位水温气温填报处理设计（5项）

水位水温气温包含水位水温气温观测记载簿、水尺编号及零点高程表、水位水温气温观测记载表、逐日水温表、逐日气温表。其中水位水温气温观测记载簿为封面,水尺编号及零点高程表为次生表,水位水温气温观测记载表为原始数据记载表,逐日水温表、逐日气温表为次生表。

（4）流量及输沙率填报处理设计（16项）

流量及输沙率包括流量及输沙率测验记载簿、流量及输沙率测验记载表、测点流速横向分布图及断面图、相应水位记载表、水面浮标法流量测验记载表、比降—面积法流量测验记载表、实测流量成果表、实测悬移质输沙率成果表、水库站量水建筑物测流记载簿、水库站水工建筑物测流记载表、水库站水文测验记载簿、水库站水文测验记载表、堰闸站流量率定成果表、水电（抽水）站流量率定成果表、悬移质单样含沙量测验及处理记载簿、悬移质单样含沙量测验及处理记载表。其中流量及输沙率测验记载簿为封面,流量及输沙率测验记载表为原始数据记载表,测点流速横向分布图及断面图、相应水位记载表为次生表,水面浮标法流量测验记载表、比降—面积法流量测验记载表为原始数据记载表,实测流量成果表、实测悬移质输沙率成果表为次生表,水库站量水建筑物测流记载簿为封面,水库站水工建筑物测流记载表为原始数据记载表,水库站水文测验记载簿为封面,水库站水文测验记载表为原始数据记载表,堰闸站流量率定成果表、水电（抽水）站流量率定成果表为次生表,悬移质单样含沙量测验及处理记载簿为封面、悬移质单样含沙量测验及处理记载表为原始数据记载表。

（5）降水量蒸发量气温填报处理设计（5项）

降水量蒸发量气温包括降水量蒸发量观测记载簿、降水量蒸发量观测记载表、逐日水面蒸发量表、水面蒸发量辅助项目月年统计表、逐日平均气温表。其中降水量蒸发量观测记载簿为封面,降水量蒸发量观测记载表为原始数据记载表,逐日水面蒸发量表、水面蒸发量辅助项目月年统计表、逐日平均气温表为次生表。

（6）说明表类填报处理设计（13项）

说明表类包括测站说明表、水准点沿革表、水准点高程考证表、水尺零点高程考证表、站以上主要水利工程基本情况表、站以上主要水利工程分布图、测验河段平面图（含水系示意图）、水位资料整编说明表、流量资料整编说明表、历年水位流量关系曲线图及大断面图/水位流量关系曲线图、改正数记载表、悬移质输沙率资料整编说明表、蒸发场说明表及平面图。其中测站说明表、水准点沿革表、水准点高程考证表、水尺零点高程考证表、站以上主要水利工程基本情况表、站ih主要水利工程分布图、测验河段平面图（含水系示意图)、蒸发场说明表及平面图为考证系列,水位资料整编说明表、流量资料整编说明表、悬移质输沙率资料整编说明表为整编说明系列,历年水位流量关系曲线图及大断面图/水位流量关系曲线图、改正数记载表为辅助计算图表。

第八节　数据校审

按相应站点的拦截条件值把在线仪器监测数据及人工测验数据,即校审数据库中表项数据的异常值拦截警示,绘制水位、流量、单沙、水温、气温、降水量、蒸发量过程线且并列显示多站同步时段统计值(显示过程线时能灵活对单站或多站进行切换),找出异常值原因,由人工确认修正,并对修正值再校审,同时完成相关项目数据超限的修订,完整完成数据校审工作。

针对水准测量、水位、流量、输沙率、水温、气温、降水量、蒸发量等水文资料监测项目,设计数据校审为53个表项。53个表项名称如下:

(1)测站基本信息表(1项)

即《全国水文资料整编系统》测站基本信息表(包含测站一览表,原始数据库测站信息,降水量观测场沿革表)。使用《水文资料在线整编系统》时,还需测站基本特征参数信息表。

(2)人工测验数据(31项)

水准测量记载簿;水准测量成果表;水准测量记载表;水深及水上部分间距测量记载表;实测大断面成果表;水位水温气温观测记载簿;水尺编号及零点高程表;水位水温气温观测记载表;逐日水温表;逐日气温表;流量及输沙率测验记载簿;流量及输沙率测验记载表;测点流速横向分布图及断面图;相应水位记载表;水面浮标法流量测验记载表;比降－面积法流量测验记载表;实测流量成果表;实测悬移质输沙率成果表;水库站水工建筑物测流记载簿;水库站水工建筑物测流记载表;水库站水文测验记载簿;水库站水文测验记载表;堰闸站流量率定成果表;水电(抽水)站流量率定成果表;悬移质单样含沙量测验及处理记载簿;悬移质单样含沙量测验及处理记载表;降水量蒸发量观测记载簿;降水量蒸发量观测记载表;逐日水面蒸发量表;水面蒸发量辅助项目月年统计表;逐日平均气温表。

(3)在线数据(9项)

时间、降水量表;时间、水位表;时间、水位、流量表(自动监测流量或监测数据库为对应处理流量);时间、库水位表;时间、库水位、出库流量表;时间、水温表;时间、气温表;时间、蒸发量表;时间、单沙表(整编数据库为对应处理断沙)。

(4)说明表类(13项)

测站说明表;水准点沿革表;水准点高程考证表;水尺零点高程考证表;站以上主要

水利工程基本情况表;站以上主要水利工程分布图;测验河段平面图(含水系示意图);水位资料整编说明表;流量资料整编说明表;历年水位流量关系曲线图及大断面图/水位流量关系曲线图;改正数记载表;悬移质输沙率资料整编说明表;蒸发场说明表及平面图。

第九节　流量断沙推求

确定上年度推流参照趋势线及下年首条推流曲线,对照新旧绘制曲线趋势,采用已定或及时校正的曲线进行实时推求流量,以推流时段及相应区间极值控制完成一线一表(每个推流时段独立使用一条推流曲线,一条推流曲线独立对应一张表)制作且进行实时推流(沙),得到实时完整的时间、水位、流量及时间、断沙系列资料。

4.9.1　水位流量关系曲线定线方法

水位及流量是水体与时间轴相关联的两个属性,他们之间的相关性通过水位流量关系进行反映,通常指的水位流量关系,即为同一时刻的水位及流量。

时效原则:指从信息源发送数据信息后经过接收、加工、传递、使用的时间间隔及其效率,体现:当下、即刻、实时。时间间隔越短,使用信息越及时,使用程度越高,时效性越强。时效性是在线整编动态水位流量关系曲线理论的现实要求。

践行原则:水位流量关系曲线确定是确保水文资料整编成果质量的关键,在理论发展中牢固树立质量第一的意识,同时为使社会得到更好的服务,提高效率变得尤为重要,现实要求做到:确保质量、提高精度、凸现效率。

相对误差超限测点处理原则:①流量测点精度应以单次流量测验精度及相对误差限定作为质量控制。②当流量测点相对误差超限时,此次流量存在正确与不正确两种可能,如该次流量确因水情或水力因素变化所致,则该次流量正确,须对使用的 $Z \sim Q$ 曲线进行校正;若没有导致该次流量的水情变化或水力因素存在,则该次流量不正确,此次流量不参与 $Z \sim Q$ 曲线校正,测验人员应及时查明并排除产生超限误差的因素(人为因素、测具因素、测算因素等),确保之后的流量测验误差始终处于受控状态。确保系统中的流量测点均为有用测点。

4.9.2　在线整编动态水位流量关系曲线理论

(1)定义

趋势线:反映本站最近年份时间段内测站控制因素变化的一条由实测水位流量(新设站为试算流量)分析确定的水位流量关系曲线。

在线整编动态水位流量关系曲线:采用已定或及时校正的曲线进行实时推求流量的水位流量关系曲线。理论建立:在线整编动态水位流量关系曲线理论"采用已定或及时校正的曲线进行实时推求流量"[$Q=f(Z_0)+\Delta Q$,其中:Q-推求流量(m^3/s);$f(Z_0)$-已定曲线流量

（m^3/s）；ΔQ-校正流量（m^3/s）]。校正曲线的具体做法是:使用实测流量点单次流量测验精度及相对误差限定确认判断测站控制因素变化是否属实且依据趋势线定线实时推流。

（2）两个假设

第一个假设:趋势线能客观反映测站特性变化;测站特性发生变化,趋势线也随之变化。

第二个假设:在线整编动态水位流量关系曲线为已定或及时校正的曲线,也就是水位流量关系曲线能够确定或及时校正。

4.9.3　在线整编动态水位流量关系曲线绘制

（1）趋势线确定

趋势线采用最近3至5年有效实测水位流量测点分析确定。如测验控制条件未产生影响趋势线新的变化,可继续使用;当测验控制条件产生了影响趋势线新的变化,需调查考证影响因素,并绘制新的趋势线。

对新设站点应结合实地调查,采用曼宁公式等方法确定趋势线,当满足实测点分析条件时再分析确定新的趋势线。

（2）推流曲线绘制

趋势线导入应符合要求:

a)将已确定的趋势线导入系统,并以蓝色显示。

b)本年趋势线由系统自动完成,若趋势线发生变化由人工更换。

首条推流曲线应符合要求:

a)将上年年末推流曲线作为本年首条推流曲线。

b)本年首条推流曲线由系统自动完成。

曲线趋势应符合要求:

a)新绘制的推流曲线趋势需与上年的推流曲线趋势线基本保持一致。

b)把每条时段推流曲线的趋势互为对照分析,确保曲线趋势的合理。

绘制曲线精度应符合要求:

a)校正 Z～Q 精度执行《水文资料整编规范》（SL247-2012）规定,精度指标详见表4-1。

表4-1　校正Z~Q精度指标表

水位级	站类		
	一类精度站 （≥3000 km^2）	二类精度站 （200 km^2 ~ 3000 km^2）	三类精度站 （≤200 km^2）
高水	±4%	±6%	±8%
中水	±5%	±8%	±10%
低水	±8%	±12%	±15%

b)在对推流曲线绘制操作时,按高水、中水、低水对应区域的精度指标要求进行相应

区域曲线绘制。

推流曲线应符合要求：

a)当水位流量关系为单一曲线或临时曲线时，在线整编动态 Z～Q 采用已定曲线进行实时推流。

b)当实测流量点相对误差超限时，按"相对误差超限测点处理"，依据趋势线校正当下推流 Z～Q：①视流量测点于 Z～Q 中偏大或偏小情况，对应在推流时段内选定水位涨程或水位落程明显处顺势处理两个水位值推流变线问题，前一个水位时间点为已定推流时段结束时间点，后一个水位时间点为当下推流时段开始时间点，并确立当下推流曲线推流；②当出现高水（低水）自然重合时，选择最高（最低）点作为已定推流 Z～Q 的结束点，最高（最低）点后的第1个时间点为当下推流时段开始时间点，并确立当下推流曲线推流；③对非连续测流设备没有稳定水位流量关系的时段可采用连实测流量过程线法、改正系数法、改正水位法等推求；④对连续测流设备，采用实时流量监测法推求；⑤其他情况参照上述原则处理。确立 Z～Q 做法是：①对超限测点不打勾"∨"时，依据当下显示的最后3个测次点进行 Z～Q 校正；②对超限测点打勾"∨"时，依据当下显示的最后1个测次点或2个测次点进行 Z～Q 校正。

c)当实测流量点相对误差未超限时，并与上次相近，且连续三个测次点呈现明显系统偏离，在确保测验精度的前提下，本着尽量提高实时推求流量精度的原则，应及时进行重新校正曲线推流。

d)测站是否为单一 Z～Q，应根据测站控制条件及受影响因素合理确定，而非人为把该确定为准确合理的多条临时曲线强行合并定线。严格执行"相对误差超限测点处理"要求，规避人为误差出现。

推流曲线调整应符合要求：

a)绘制曲线模型为平行趋势线绘制，有两个系数（高水位系数、低水位系数），如果都为1.0就是平行线，高水系数大于1.0，口张开，小于1.0，口收缩，低水系数同属一样道理，绘制曲线时根据实际情况自行调整系数。取值范围均为0.0~3.0。

b)当系统绘制曲线出现反曲或不光滑时，可进行水位流量结点人工编辑调整。

推流时段调整应符合要求：

依照实际水情判断，当下确定推流曲线的起始推流时间已明显滞后时，即可将当下推流曲线起始时间移到前一个推流时段内的某个时间点进行调整修正重新推流，推流曲线不变。

推流曲线复制应符合要求：

a)当测验控制条件发生变化，未及时测流进行绘制曲线并可采用原曲线推流时，选择相应曲线并给定开始时间,即可以产生相同的新推流曲线。

b)当测站特性及控制因素一致时,可采用推流曲线复制功能产生指定的推流曲线。

4.9.4　在线整编动态水位流量关系曲线论证

（1）第一个假设论证

趋势线能客观反映测站特性变化;测站特性发生变化,趋势线也随之变化。由于趋势线是根据实测点确立,实测点理论上确立了对测站特性变化的反映,进而确立了趋势线对测站特性变化的反映;当测站特性发生变化时,须重新确立新的趋势线。

（2）第二个假设论证

在线整编动态水位流量关系曲线为已定或及时校正的曲线,也就是水位流量关系曲线能够确定或及时校正。采用已定曲线进行推流,这个结论已经被传统理论所证明。对水位流量关系曲线如何进行及时校正是在线整编动态水位流量关系曲线理论的关键,具体做法是:使用实测流量点单次流量测验精度及相对误差限定确认判断测站控制因素变化是否属实且依据趋势线定线,从而达到对水位流量关系曲线进行及时校正。

4.9.5　在线整编动态水位流量关系曲线绘制的意义

在线整编动态水位流量关系曲线理论"采用已定或及时校正的曲线进行实时推求流量"$[Q=f(Z_0)+\Delta Q$,其中:Q-推求流量(m^3/s);$f(Z_0)$-已定曲线流量(m^3/s);ΔQ-校正流量$(m^3/s)]$是进行在线整编的重要技术环节,明确校正曲线的具体做法是:使用实测流量点单次流量测验精度及相对误差限定确认判断测站控制因素变化是否属实且依据趋势线定线实时推流。该理论的建立为在线整编定线的准确性、合理性奠定了理论基础,保障了流量资料整编成果质量,促成了水文资料在线整编"数据填报、资料整编、成果编排、成果查询"一体化的现实化。

第十节　资料整编

把整编数据库数据实时自动完成各项目资料整编,资料整编后形成符合《水文资料整编规范》及《水文年鉴汇编刊印规范》要求的单站水文资料综合成果、单站水文资料整编成果、单站降水蒸发整编成果、分局降水蒸发整编成果、水文年鉴编排数据及流域水文年鉴。

针对实际情况,水文年鉴编排按下述方式进行:

一、完整使用《水文资料在线整编系统》整编的卷册,直接进行水文年鉴自动编排且编排相关流域水文年鉴。

二、不完整使用《水文资料在线整编系统》整编的卷册,按下列方式编排:

由未使用《水文资料在线整编系统》的整编部门按"《水文年鉴》标准文本格式数据文件"要求提供同卷册不全站点的水文年鉴编排数据文件并完整导入"整编数据库",实现整个水文年鉴卷册的编排数据导出,用《水文年鉴排版集成系统》或类似编排功能系统自动编排即得到相关流域水文年鉴。

第十一节　成果编排

《水文资料在线整编系统》整编成果编排有六项:单站水文资料综合成果、单站水文资料整编成果、单站降水蒸发整编成果、分局降水蒸发整编成果、水文年鉴编排数据及流域水文年鉴。

第五章　水文年鉴排版集成系统

《水文年鉴》是国家重要的基础水信息资源,是按流域与水系统一编排卷册,并按统一的要求和规格,采用科学的图表形式,逐年汇编刊印的水文资料,全部卷册构成一个整体,统一命名为《中华人民共和国水文年鉴》(简称《水文年鉴》)。

《水文年鉴》是我国水文测验工作最直接的成果。每年都要投入大量的人力、财力和物力,并且通过各种方法和途径来提高《水文年鉴》的编印质量和工作效率。由于《水文年鉴》汇编刊印过程中需处理原始数据源格式可控,需处理数据量极其庞大、数据准确性要求极高、汇编图表格式相对固定、汇编工作重复性高等特点,采用计算机软件技术和数理统计原理,通过数据处理软件系统逐步实现《水文年鉴》的汇编刊印已是必然且完全可行的方案,从而达到《水文年鉴》编排质量的显著提高。

该系统既对基本水文站资料,还对水库站、中小河流站、专用站等资料,具有单站单表、单站多表、多站单表、多站多表、区域站及流域水系全部站水文资料和《水文年鉴》不同包装格式的数据文件自动排版集成功能,实现了目前水文资料53个整编表格排版格式数据文件的自动排版集成,灵活性强,能满足从省级到地市级、到测站的水文资料任意表项组合的排版集成要求,有较强的实用性和较高的应用价值。

第一节　《水文年鉴》排版沿革

从1041年毕升发明活字印刷术至今有近千年历史。其间除了制作活字材料略有变化之外,活字印刷术一直沿用不衰。

二十世纪六、七十年代及以前,《水文年鉴》用手工铅字排版。

二十世纪八十年代末至二十一世纪初,《水文年鉴》用照相排版。

二十一世纪初以来,《水文年鉴》由人工结合计算机软件排版(刊印成果表以相应的排版格式数据文本文件方式提供)。

《水文年鉴排版集成系统》面世,水文年鉴排版集成处理过程无须人工干预,同时达到符合整汇编刊印各个阶段所需要的水文资料成果要求,全面实现单站、多站各种表项组合的水文资料和《水文年鉴》排版集成自动化。

第二节　系统设计实施意义

《水文年鉴排版集成系统》经过连续几次升级改造,从刚开始的低智能排版与集成逐步向高智能排版与集成转化,目前已能将现有水文资料53个整编表格排版格式数据文件按规范要求进行自动排版与集成,处理过程中无需人工干预,全面实现水文资料排版与集成自动化。

系统的应用能够切实提高水文资料数据编排的工作效率,数据处理在减少人工操作的同时达到水文资料数据处理的自动化。有效避免编排工作中人为因素造成的失误,全面提高水文资料数据的准确性。

系统对水文资料数据的有效利用提供技术上的支持,使水文资料编排的量化管理成为可能。系统能完成单站单表、单站多表、多站单表、多站多表、区域站及流域水系全部站水文资料和《水文年鉴》不同包装格式的数据文件自动排版与集成,生成符合相关规范要求的水文资料pdf成果文件(📄 111111水文资料.pdf),达到提供符合各个整汇编刊印阶段所需要的水文资料审查及存档成果要求。

系统突破了水文资料仅限专业排版的技术要求,实现了测验整编工作人员均可用系统完成不同用户对成果不同需求的排版与集成,同时打通了水文资料整汇编、排版、印刷装订、资料存档及年鉴刊印一体化的历史障碍。

系统在整汇编工作环节上节约了时间和人力,大幅度提高水文资料整汇编工作效率。

系统的应用能显著提高水文资料整汇编工作的社会经济效益。

第三节　系统设计

《水文年鉴排版集成系统》是一个针对水文资料各类表格文本数据排版的软件包,它能自动读取文本格式的原始数据,并根据规范要求自动处理数据,自动将数据填入预先设定的图表模板内,自动完成图表格式设定(包括表格的宽度和高度、对齐方式等),自动编排水位、水文站资料索引表及页码,自动编排降水量、水面蒸发量站一览表的料索引表及页码,自动统计年度排版水文(位)站及降水量、水面蒸发量站资料的站年表项数,自动生成排版后单站单表、单站多表、多站单表、多站多表、区域站及流域水系全部站水文资料和《水文年鉴》任意表项组合的说明资料和正文资料目录,自动将水文资料中说明资料和正文资料的单个或多个表格项目编排成册并输出符合《水文年鉴汇编刊印规范》要求的水文资料pdf成果文件(📄 111111水文资料.pdf),达到提供符合各个整汇编刊印阶段所需要的水文资料成果。

第四节　系统设计依据

系统设计依据：中华人民共和国水利行业标准《水文资料整编规范》(SL247-2012)、《水文年鉴汇编刊印规范》(SL460-2009)及《水文年鉴》标准排版格式数据文件的各类表格文本数据。

系统研发名称：《水文年鉴排版集成系统》。具体分列的水文资料53个整编表格排版格式数据文件名称详见如下：

1.说明资料(13个)：编印说明(WORD)、水位、水文站一览表(ZGL)、水位、水文站资料索引表(ZHL)、降水量、水面蒸发量站一览表(含资料索引)(PGL)、各站月年平均水位对照表(ZEL)、各站月年平均流量对照表(QEL)、各站月年平均输沙率对照表(CEL)、各站月年水温对照表(IEL)、各站月年气温对照表(IFL)、各站月年降水量对照表(PIL)、各站月年水面蒸发量对照表(EEL)、各站月年引排水总量对照表(QIL)、各时段最大洪水总量统计表(QFL)。

2.水位资料(6个)：逐日平均水位表(ZAL)、洪水水位摘录表(ZPL)、逐潮高低潮位表(TAL)、逐日最高、最低潮(水)位表(TBL)、潮位月年统计表(TNL)、风暴潮要素摘录表(TPL)。

3.流量资料(13个)：实测流量成果表(QCL)、实测大断面成果表(QDL)、堰闸流量率定成果表(QUL)、电(抽水)站流量率定成果表(QVL)、逐日平均流量表(QAL)、流量月年统计表(QNL)、水库来(蓄)水量月年统计表(QML)、洪水水文要素摘录表(QPL)(默认为"二要素"，"三要素"须说明)(此项列计为2个格式文件)、堰闸洪水水文要素摘录表(QRL)、水库水文要素摘录表(QQL)、堰闸实测潮量成果统计表(WFL)、引排水(潮)量统计表(WML)。

4.悬移质输沙率资料(4个)：实测悬移质输沙率成果表(CCL)、逐日平均悬移质输沙率表(CAL)、逐日平均含沙量表(CBL)、洪水含沙量摘录表(CRL)。

5.泥沙颗粒级配资料(4个)：实测悬移质颗粒级配成果表(DCL)、实测悬移质单样颗粒级配成果表(DDL)、月年平均悬移质颗粒级配表(DML)、实测床沙颗粒级配成果表(DSL)。

6.水温资料(2个)：逐日水温表(IAL)、水温月年统计表(IML)。

7.气温资料(2个)：逐日气温表(IBL)、气温月年统计表(INL)。

8.冰凌资料(2个)：冰厚及冰情要素摘录表(GPL)、冰情统计表(GEL)。

9.降水量资料(4个)：逐日降水量表(PAL)、降水量摘录表(PPL)、各时段最大降水量表(1)(PEL)、各时段最大降水量表(2)(PFL)。

10、蒸发量资料(3个):逐日水面蒸发量表(EAL)、水面蒸发量辅助项目月年统计表(EML)、逐日平均气温表(EJL)。

第五节　系统设计特点

系统设计特点包含易用性、先进性、可扩展性、实用性、安全可靠性及可维护性。

1.易用性

在系统人机界面做到简洁易用的同时,对每一个功能流程的实现做到有效合理,充分考虑人性化。

2.先进性

在实用可靠的前提下,尽可能选用国内外先进的计算机软硬件技术、信息技术,使系统具有较高的性能价格比。采用先进的解决方案体系结构和技术发展的主流产品,保证整个系统高效运行。

3.可扩展性

应用系统采用模块化接口设计,以子系统作为各功能模块的边界,各子系统之间相互独立,通过接口进行通讯。因此,系统功能的改变体现在子系统功能模块的增减上,整体系统不会受技术改造或前端检测设备的增加而重新调整。

4.实用性

系统建设以满足用户需求为首要目标,建设方案以各个部门的可接受能力为尺度。

5.安全可靠性

遵循国家有关安全标准,具有切实可行的安全保护和保密措施,以及对计算机犯罪的防范能力,确保数据永久安全。程序、文件、数据库有授权保护;系统内数据的读写、存储、传输过程中通过数据校验,保证数据的完整性。

6.可维护性

硬件设备的选型选择国内具有维护力量和技术支持能力的设备,硬件的联接完全采用标准化接口;软件设计采用面向对象的程序设计,便于系统的修改和扩充。

第六节　系统研发历程

2013年3月19日,云南省水文水资源局组织研发《水文年鉴排版集成系统》(27个软件模块),同年10月21日通过云南省水利厅组织的技术验收并投入使用。用该系统完成了2012年度云南省水库站水文资料年鉴2册及中小河流水文资料年鉴1册的排版与集成,2013年度云南省水库水文资料年鉴2册及中小河流水文资料年鉴6册的排版与集成。

为方便《水文年鉴》资料汇编工作,2015年4月22日再次对《水文年鉴排版集成系统》

升级完善,增加了6个软件增项模块。同年7月1日通过对增项模块的技术验收。使用该升级后的系统,顺利完成了2014年由云南负责主持刊印的红河流域(9-2-1)、澜沧江流域(9-2-2)、怒伊江流域(9-2-3)及珠江流域西江上游区(郁江口以上,不包括郁江)南、北盘江区(8-1-1)4册年鉴资料汇编排版与集成。

2016年2月22日,为进一步拓宽《水文年鉴排版集成系统》的功能覆盖面,实现该系统在使用过程中满足跨省、跨流域增加刊印项目表格,完成云南省主持汇编的年鉴资料能统一排版与集成整个流域资料项目表格的实际,第三次新增7个软件增项模块。本次增项模块的研发、完善使该系统功能产生了质的飞跃,研发期间按实际工作需要添加了13个软件增项模块,系统实现了水文资料53个整编表格排版格式数据文件的自动排版与集成。至此,该系统能全面完成云南省水文站年鉴、水库站年鉴、流域跨省年鉴三种格局的《水文年鉴》资料排版与集成处理,同时能对单站单表、单站多表、多站单表、多站多表、区域全部站进行不同包装格式的数据文件排版与集成,均生成符合相关规范要求的水文资料pdf成果文件(**111111水文资料.pdf**),且达到提供符合各个整汇编刊印阶段所需要的水文资料审查及存档成果要求。

第七节　系统结构

系统采用单机独立模式运行,实现资料来源、资料排版、资料合并三项功能模块。系统结构见图5-1。

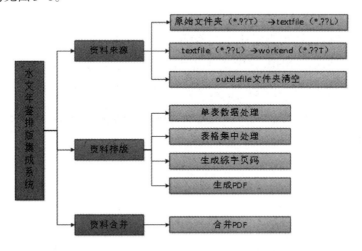

图5-1　水文年鉴排版集成系统功能结构图

系统各功能环节采用doc、txt、excel、pdf格式文件作为水文资料数据的载体。系统通过txt文件的读取,实现原始数据的导入和规范性处理,通过对doc、excel文件的读、写操作,完成资料数据的排版与集成操作,最终以pdf文件的形式提交排版成果。

系统功能原理如图 5-2 所示。

图 5-2　水文年鉴排版集成系统功能原理图

第八节　系统开发平台

《水文年鉴排版集成系统》在 Microsoft Visual Studio 技术架构下,使用 Visual C++、Visual C#语言完成软件开发见图 5-3。

Microsoft Visual Studio(简称 VS)是美国微软公司的开发工具包系列产品。VS 是一个基本完整的开发工具集,它包括了整个软件生命周期中所需要的大部分工具,如 UML 工具、代码管控工具、集成开发环境(IDE)等等。所写的目标代码适用于微软支持的所有平台,包括 Microsoft Windows、Windows Mobile、Windows CE、.NET Framework、.NET Compact Framework 和 Microsoft Silverlight 及 Windows Phone。

Microsoft Visual Studio 2010 是微软公司推出的开发环境。VS2010 是目前最流行的 Windows 平台应用程序开发环境。VS2010 支持最新的 .Net Framework 4 框架,支持 64 位 Windows,支持多显示器,以便您可以根据自己的需要来组织和管理工作。Microsoft Visual Studio 2010 旗舰版是一个集成环境,它简化了有关创建、调试和部署应用程序的基本任务。借助于 Visual Studio 2010,开发者可以尽情发挥他的想象力并轻松实现设计目标。

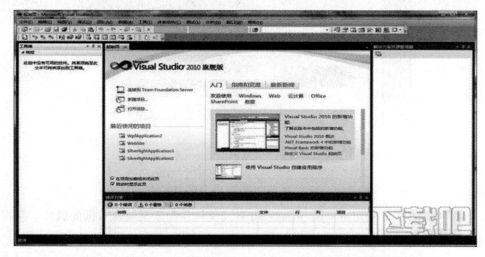

图 5-3　Microsoft Visual Studio 2010 集成开发环境

Microsoft Visual C++,（简称 Visual C++、MSVC、VC++或 VC）是 Microsoft 公司推出的开发 Win32 环境程序,面向对象的可视化集成编程系统。它不但具有程序框架自动生成、灵活方便的类管理、代码编写和界面设计集成交互操作、可开发多种程序等优点,而且通过简单的设置就可使其生成的程序框架支持数据库接口、OLE2,WinSock 网络、3D 控制界面。以拥有"语法高亮",IntelliSense（自动完成功能）以及高级除错功能而著称。比如,它允许用户进行远程调试,单步执行等。还有允许用户在调试期间重新编译被修改的代码,而不必重新启动正在调试的程序。其编译及建置系统以预编译头文件、最小重建功能及累加连结著称。这些特征明显缩短程式编辑、编译及连结花费的时间,在大型软件计划上尤其显著。

Microsoft Visual C#是微软开发的一种面向对象的编程语言,是微软.NET 开发环境的重要组成部分。它是为生成在 .NET Framework 上运行的多种应用程序而设计的。C# 简单、功能强大、类型安全,而且是面向对象的。C#凭借它的许多创新,在保持 C 样式语言的表示形式和优美的同时,实现了应用程序的快速开发。通过结合 .NET Framework,可使用 Visual C#创建 Windows 应用程序、Web 服务、数据库工具、组件、控件以及其他更多内容。

.NET Framework 就是微软 Web Services 引擎。有许多程序设计师和使用者,非常渴望有一个完善而且透明清楚的基础架构,来建立 WebServices（因特网服务）。.NET Framework 就是为了这个需求,而提供的基础架构。.NETFramework 提供了应用程序模型及关键技术,让开发人员容易以原有的技术来产生、布署,并可以继续发展具有高安全、高稳定,并具高延展的 Web Services。对于 .NET Framework 而言,所有的组件都可以成为 Web Services,Web Services 只不过是另一种型态的组件罢了。微软将 COM 的优点整合进来,它可以不用像 COM 那么严谨的来栓锁两个对象,.NET Framework 以松散的方式来栓锁 Web Services 这种型态的组件。这样的结果让开发人员非常容易的发展出强而有力的 Web 服务组件,提高了整体的安全及可靠性,并且大大的增加系统的延展性。

第九节 系统原理

《水文年鉴排版集成系统》运行平台为 Microsoft Windows 操作系统及 Microsoft Office2007 及以上版本办公套件。系统采用单机独立运行模式,实现资料来源、资料排版、资料合并三项功能。

为便于软件的分发和使用,只需将系统文件夹整体复制到工作计算机任意文件路径下,通过点击系统文件夹内相应 EXE 文件,即可运行本系统。

第十节　系统运行环境

为保证本系统正常运行,工作计算机终端需满足以下要求:

1、系统运行平台:Windowsxp/Windows7 及以上。

2、使用本软件前,系统需安装如下运行环境及第三方软件:

- Visual C++ 2010 运行库;

.NET Framework 4.0;

- Microsoft Office 2010 Excel 模块、Word 模块和 Access 模块;

- Adobe Acrobat X Pro 或以上版本。

第十一节　系统文件夹结构

结合《水文年鉴排版集成系统》数据来源、数据存储及加工、成果输出的特点,系统运行文件夹布局结构如图 5-4。

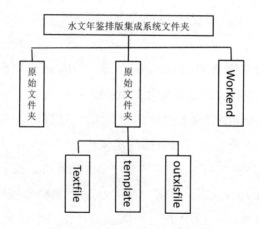

图5-4　文件夹布局结构图

- 原始文件夹:保存系统需排版与集成处理的原始水文资料数据,以 TXT 文件、Word 文件为主。

- 工作文件夹:系统数据处理转储文件夹,包括 textfile 文件夹(存储经系统规范对原始数据文件处理后的临时数据文件)、template 文件夹(存储系统排版与集成功能所需各类成果表 Excel 模版文件)、outxlsfile 文件夹(存储系统排版与集成处理后的各类 Excel 单表及对应的 pdf 文件、资料目录文件,最终 pdf 成果文件(111111水文资料.pdf))。

- Workend 文件夹:存储系统自动还原后的水文资料原始数据文件以及最终 pdf 成果文件(111111水文资料.pdf)。

第十二节　排版格式数据文件扩展名

《水文资料整编规范》(SL/T 247-2020)中"数据结构与文件名"对文件命名方法"基本格式"规定如下：

主　文　件　名　　　扩展名

XXXXXXX[XXXX].XXX

测站编码　　　　年份码　　　项表文
　　　　　　　　　　　　　　目类件
　　　　　　　　　　　　　　码型属
　　　　　　　　　　　　　　　码性
　　　　　　　　　　　　　　　　码

扩展名的三个字符由项目码、表类型码和文件属性码组成，并符合下列要求：

1.表示整编项目的项目码应符合表5-1中"整编项目码"栏的规定。

2.表类型码中的原始数据文件，整编成果数据文件可用数字表示，整编成果表格文件可用字母表示，表类型码应符合表5-1中"表类型码"栏的要求。

3.文件属性码应符合表5-1中"文件属性码"栏的规定。

4.项目码、表类型码、文件属性码组合的各整编成果表格文件的扩展名可在表5-2《中华人民共和国水文年鉴》标准排版格式数据文件扩展名中"规范扩展名"栏选用。

表5-1　排版格式数据文件扩展名组成表

整编项目码		表类型码		文件属性码	
项目码	项目	表类型码	表类及文件	属性码	含义
Z	水位	A、B	逐日表		
T	潮水位	C、D、S、T、X、Y	实测表	S	自记原始数据文件
Q	流量、来水量、大断面	E、F	统计表		
W	潮流量	G、H	一览表	G	整编原始数据文件
C	输沙率、含沙量	I、J、K	说明表		
D	泥沙颗粒级配	M、N	月年表		
G	冰凌	P、Q、R	摘录表	R	整编成果数据文件
I	水温				
P	降水量	U、V	率定表		
E	蒸发量	0～9	原始数字文件和整编成果数字文件	L	整编成果表格文件
U	调查资料				

表5-2　水文年鉴排版数据文件扩展名表

序号	表名	规范扩展名	南方片扩展名	序号	表名	规范扩展名	南方片扩展名
1	水位、水文站一览表	ZGL	ZGT	42	实测潮量成果统计表	WEL	WET
2	水位、水文站资料索引表	ZHL	ZHT	43	堰闸站实测潮量成果统计表	WFL	WFT
3	降水、水面蒸发量站一览表（含资料索引）	PGL	PGT	44	引排水(潮)量统计表	WML	WKL
4	各站月年平均水位对照表	ZEL		45	实测悬移质输沙率成果表	CCL	CCT
5	各站月年最大水位对照表	ZNL		46	逐日平均悬移质输沙率表	CAL	CAT
6	各站月年最小水位对照表	ZFL		47	悬移质输沙率月年统计表	CML	CALYN
7	各站月年平均流量对照表	QEL	QET	48	逐日平均含沙量表	CBL	CBT
8	各站月年最大流量对照表	Q9L		49	含沙量月年统计表	CNL	CBLYN
9	各站月年最小流量对照表	Q8L		50	洪水含沙量摘录表	CRL	HSL
10	各站日时段最大洪水总量统计表	QFL	HSZL	51	实测沙推移质输沙率成果表	CDL	
11	各站月年引排水总量对照表	QIL		52	实测卵石推移质输沙率成果表	CSL	
12	各站月年平均输沙率对照表	CEL	CET	53	实测悬移质颗粒级配成果表	DCL	DCT
13	各站月年平均含沙量对照表	CFL		54	实测悬移质单样颗粒级配成果表	DDL	DDT
14	各站月年水温对照表	IEL		55	悬移质断面平均颗粒级配成果表	DIL	KXC
15	各站月年气温对照表	IFL		56	实测流速、含沙量、颗粒级配成果表	DYL	SUT
16	各站月年降水量对照表	PIL	JSL	57	日平均悬移质颗粒级配成果表	DAL	KRC
17	各站日时段最大降水量统计表	PNL		58	月年平均悬移质颗粒级配表	DML	DMT
18	各站月年水面蒸发量对照表	EEL		59	实测沙推移质颗粒级配成果表	DTL	
19	站说明表	ZIL	ZIT	60	实测河床质颗粒级配成果表	DSL	PUT
20	水库(堰闸)站说明表	ZJL	ZJT	61	实测卵石推移质颗粒级配成果表	DXL	
21	站以上主要水利工程基本情况表	ZKL	ZKT	62	逐日水温表	IAL	IAT
22	逐日平均水位表	ZAL	ZAT	63	水温月年统计表	IML	IALYN
23	水位月年统计表	ZML	ZALYN	64	逐日气温表	IBL	TBR
24	洪水水位摘录表	ZPL	QST	65	气温月年统计表	INL	IBLYN
25	逐潮高低潮位表	TAL	TAT	66	冰厚及冰情要素摘录表	GPL	GPT
26	潮位月年统计表	TNL	TNT	67	冰情统计表	GEL	GET
27	逐日最高最低潮(水)位表	TBL	TZL	68	实测冰流量成果表	GCL	GCT
28	风暴潮要素摘录表	TPL	FBC	69	逐日平均冰流量表	GAL	BLL
29	实测流量成果表	QCL	QCT	70	逐日降水量表	PAL	PAT
30	实测大断面成果表	QDL	QDT	71	降水量月年统计表	PML	PALYN
31	堰闸站流量率定成果表	QUL	QUT	72	降水量摘录表	PPL	PPT
32	水电(抽水)站流量率定成果表	QVL	QVT	73	各分钟时段最大降水量表(1)	PEL	PET
33	逐日平均流量表	QAL	QAT	74	各小时时段最大降水量表(2)	PFL	PFT
34	流量月年统计表	QNL	QALYN	75	陆上(漂浮)水面蒸发场说明表平面图	EIL	
35	洪水特征值统计表	QJL	HSTZ	76	逐日水面蒸发量表	EAL	EAT
36	来(蓄)水量月年统计表	QML		77	水面蒸发量月年统计表	ENL	EALYN
37	洪水水文要素摘录表	QPL	QPT	78	水面蒸发量辅助项月年统计表	EML	EMT
38	堰闸站洪水水文要素摘录表	QRL	QRT	79	水量调查站(点)一览表(含资索引)	UGL	
39	水库水文要素摘录表	QQL	QQT	80	站以上水量调查成果表	UCL	
40	反推入库洪水流量摘录表	QKL					
41	实测潮流量成果表	WCL	WCT				

注：因"表类型码"中的"实测表"、"统计表"及"摘录表"不够用，即用相近的"说明表"代替，如PIL、QIL、QJL、QKL、DIL、EJL等。

第十三节 资料处理

本模块包含3个功能,具体如下:

(1)原始文件夹(*.??T)→textfile(*.??L)

由于目前水文资料整编系统输出的TXT排版格式数据文件扩展名配套于《水文年鉴汇编刊印规范》(SL460-2009),扩展名多以"T"作为尾字符,本功能实现自动将原始排版格式数据文件扩展名*.??T自动转换为《水文资料整编规范》(SL 247-2012)规定的排版格式数据文件*.??L。

(2)textfile(*.??L)→workend(*.??T)

自动将经系统排版校验无误的排版格式数据文件*.??L还原为*.??T,以供资料备案及其他系统使用。

(3)outxlsfile文件夹清空

自动清空系统临时存储文件夹路径内的所有临时文件。

第十四节 资料排版

本模块包含4个功能,具体如下:

(1)单表数据处理

针对某一表项单独选取排版格式数据文件后,自动生成对应的Eexcel格式文件,进行单表排版与集成操作。本功能适用于对单个排版格式数据文件的规范校验。

(2)表格集中处理

针对某一特定的单站单表、单站多表、多站单表、多站多表、区域站及流域水系全部站水文资料和《水文年鉴》不同包装格式的数据文件,一次性自动进行数据批量读入,自动批量生成对应的Eexcel格式文件,完成批量排版与集成操作。

(3)生成综字页码

对批量生成的"说明资料"部分表格自动编排带"综"字页码,同时生成水文资料目录"索引表目录.TXT"文件。

(4)生成PDF

将Excel格式文件批量转换成pdf格式文件。

第十五节 资料合并处理

将单个分散的pdf格式文件,根据年鉴资料排版装订规范合并成册,形成最终的水文资料排版与集成的水文资料pdf成果文件(📄 **111111水文资料.pdf**)。

第六章 水文资料在线应用系统

第一节 系统概述

以 Visual Basic6.0 和 Office Excel 软件为平台,利用 VB 语言、VBA 语言和 SQL 语言,开发了《水文资料在线应用系统》。《水文资料在线应用系统》是应用互联网+数据存储与转发技术,解决水文资料在线整编成果实时统计、转发等出库应用问题,使水文资料在线整编成果能及时应用于报汛报旱、洪水预警预报、阶段雨水情分析等水文信息服务工作中,见图6-1。

系统以解决在线整编成果出库应用问题为核心任务,分为在线整编成果实时转发、阶段雨水情分析、整编与预报库数据转换3个模块。《水文资料在线应用系统》研发完成并投入使用后,将解决水文资料在线整编、水情信息交换、洪水预报3个业务系统间数据交换的问题,从而实现水文资料在线整编、水情报汛报旱、洪水预警预报、水资源公报等工作数据"同数一源",为高质量水文信息服务做好技术保障。

在线整编成果实时转发模块按照《实时雨水情库表结构与标识符》(SL323-2011)要求,自动轮询将在线整编成果数据实时处理成标准格式后转发至实时雨水情库,然后用全国通用的水情信息交换系统将数据转发至指定单位,实现利用在线整编成果数据进行报汛报旱,使所有连接实时雨水情库的水情业务系统数据与在线整编成果数据保持一致,解决整编与报汛报旱数据两张皮的问题。

阶段雨水情分析模块可根据工作需要,通过人工触发后实时提取在线整编数据和历史数据,及时完成阶段雨水情分析,使在线整编成果成为水旱灾害防御及调度决策工作的重要依据。

整编与预报库数据转换模块可根据开展洪水预警预报工作需求,将在线整编成果及时导入洪水预报系统,利用在线整编成果及时对预报方案参数进行率定,从而提高工作效率和洪水预警预报方案精度。

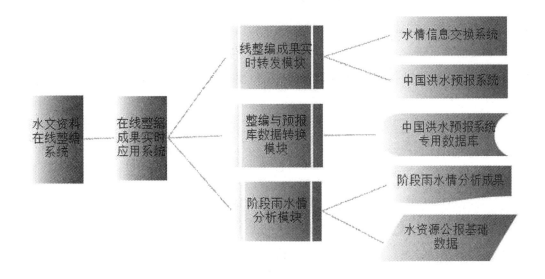

图6-1 "水文资料在线应用系统"功能图

第二节　传统工作方式

6.2.1　传统工作方式

6.2.1.1　水情报汛报旱信息报送

根据报汛报旱任务书要求,全省各水文(位)站、雨量站全年均需按时报送降水、蒸发、水位流量等水文要素。各项目水文要素报送均需按《实时雨水情库表结构与标识符》(SL323—2011)要求的格式写入全国通用的实时雨水情库,然后由配套的交换软件交换至指定单位的实时雨水情库。

未使用《水文资料在线整编系统》前,各水文要素信息报送情况如下:

1.水位信息报送:水位信息由各测站在线设备自动采集后发送至《雨水情接收系统》,然后由转发统计软件写入实时雨水情库后向外交换,设备正常且未进行水位订正的情况下,整编后的水位与报汛报旱水位数据一致,一般不会出现矛盾。

2.流量信息报送:采用流量自动监测设备的测站,一般由各设备厂家将流量信息按标准格式写入实时雨水情库后向外交换;目前,绝大多数测站的流量无法实现自动监测,流量信息主要根据水位查事先导入到《雨水情接收系统》的水位流量报汛关系曲线得到。水位流量报汛曲线主要采用上一年水位流量综合线或者历年水位流量综合线,水位流量报汛曲线更换较少,多数测站全年使用1条水位流量报汛曲线,如水位流量报汛关系曲线与实际差别较大,向上级水文业务管理部门申请可更换水位流量报汛曲线。但是,山区性河流冲淤变化频繁,大多数测站水位流量关系曲线不稳定,用水位查报汛曲线的方式向外报送的流量信息往往与最终整编后的流量不一致,普遍存在整编与报汛报旱数据两张皮的现象,严重制约水文服务质量,采用在线整编成果报汛报旱势在必行。

3. 蒸发信息报送:全省蒸发数据报送无法直接利用已有的在线整编数据成果,仍然采用每日人工录入蒸发数据到实时雨水情库的工作模式,浪费人力资源。

4. 降水量信息报送:各测站在线设备通过GPRS或北斗卫星网络传送到各分局《雨水情接收系统》后,由转发统计软件模块写入实时雨水情库后向外交换,报送的降水量数据未经过整编,部分时段降水量成果会与整编成果有差异。

6.2.1.2 阶段雨水情材料分析

目前,阶段雨水情分析统计,阶段雨水情分析统计可利用的工具主要有两个平台,分别是水情综合业务系统和云南中小河流预警系统,两个平台均能通过图表结合的形式统计分析阶段雨水情情况,但两个平台的数据源均为水情报汛报旱数据,未能提取在线整编库中的数据进行统计,统计数据存在偏差。

6.2.1.3 整编与洪水洪水预报专用库数据转换

目前,我省洪水预报工作主要采用水利部信息中心研发的《中国洪水预报系统》进行预报,预报系统运行需连接实时雨水情库和预报专用数据库,其中预报专用数据库是预报系统的支撑库之一,主要用于存储除实时信息以外的所有信息,包括站点历史成果数据、模型信息、方案信息、站点信息、图层信息、预报信息等,共有45个存储表。每年汛前,需将上一年所有站点整编后的日降水量表、日水位流量表、日蒸发量表、全年降水量摘录表、全年水位流量过程摘录表转换为固定格式的".csv"文件后用水情数据维护系统导入预报专用数据库形成历史数据,然后用预报专用数据库中的历史数据对洪水预报方案参数进行率定。通过不断率定和修编各水文站洪水预报方案,来提高洪水预报方案精度。

利用南方片《水文资料整编系统》整编时期,可将整编库HY_DQ_C、HY_DZ_C、HY_DP_C、HY_DWE_C、HY_FDHEEX_B、HY_PREX_B等6张表的数据分别复制到EX-CEL,将整编站码替换为报汛站码、将时间格式改为指定格式、存为".csv"文件后即可用水情数据维护系统导入预报专用数据库。

6.2.2 传统工作方式存在问题

6.2.2.1 整编数据与水情报汛数据游离问题

2019年,由云南省水文水资源局研发的《水文资料在线整编系统》正式投入使用,实现静态(年度)水文资料整编向动态(实时)水文资料整编转变,解决了水文资料整编时效性问题。目前,《水文资料在线整编系统》已投入使用2年,水文资料整编工作已由原来跨年整编变为实时整编,整编工作时效性有了质的飞越,但由于水文资料在线整编、水情信息交换、洪水预报3个业务系统配套的(在线整编库、实时雨水情库、洪水预报专用库)专用数据库数据格式不统一,各专用数据库间数据无法实现自动交换,又无可用的转换程序,故全省水情报汛报旱和阶段雨水情分析所采用的数据仍为未通过整编的数据,存在整编与报汛数据两张皮的问题如表6-1所示。

表6-1　在线整编成果与报汛成果(整时数据计算)径流量偏差对比表

站名	项目	2020年月径流量(10^4m^3)												
	月份	1月	2月	3月	4月	5月	6月	7月	8月	9月	10月	11月	12月	年
大文站	整编	1419	705.0	975.3	966.6	929.3	1148.8	3720	7180	5302	3866	1968	1320.9	29499
	报汛	1420	748	1007	1256	1245	1416	3527	7042	5891	5289	2589	1894.6	34824
	偏差(%)	0.1	5.7	3.1	23.0	25.4	18.9	−5.5	−2.0	10.0	26.9	24.0	30.3	18.1
姑老河站	月份	1月	2月	3月	4月	5月	6月	7月	8月	9月	10月	11月	12月	年
	整编	8620	5144	4959	4791	4987	6832	25060	52180	42110	28520	14760	9926.0	207889
	报汛	8000	5245	5241	4558	4698	5868	23620	51220	36100	23700	11990	8056	188296
	偏差(%)	−7.8	1.9	5.4	−5.1	−6.2	−16.4	−6.1	−1.9	−16.6	−20.3	−23.1	−23.2	−9.4

6.2.2.2　整编成果导入洪水预报系统工作效率低问题

一直以来,将水文资料整编成果导入洪水预报专用库是水情的一项重要工作任务,但云南省目前还没有能直接将水文资料整编成果导入洪水预报专用库通用软件,该项工作以人工操作为主,工作效率较低。经统计,安排1名熟悉业务的工作人员将207个雨量站、32个水文(位)站的水文资料整编成果导入到洪水预报专用库需15个工作日以上。

6.2.2.3　阶段雨水情分析统计智能化不足

由于能够实现阶段雨水情自动分析统计的两个主要系统数据源均为水情报汛报旱数据,无法自动提取在线整编系统中的成果数据进行统计,统计数据存在偏差;另外两个系统均不能根据历史库中的数据自动统计多年日、旬、月、年均值,多年日、旬、月、年均值需人工计算后导入实时雨水情库,数据统计分析需多人参与、耗时量大、智能化水平低,特别是多年日、旬数据统计困难,且出错率大。

第三节　系统功能介绍

6.3.1　系统架构

以Visual Basic6.0和Office Excel软件为平台,利用VB语言和SQL语言,结合Excel内置函数开发《水文资料在线应用系统》,见图6-2。

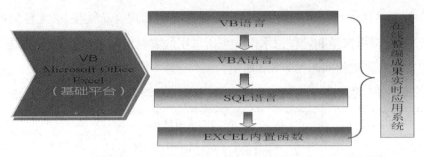

图6-2　水文资料在线应用系统结构图

《水文资料在线应用系统》是应用互联网+数据存储与转发技术,解决水文资料在线整编成果实时统计、转发等出库应用问题,使水文资料在线整编成果能及时应用于报汛报旱、洪水预警预报等水文信息服务工作中,系统运行窗口见图6-3。

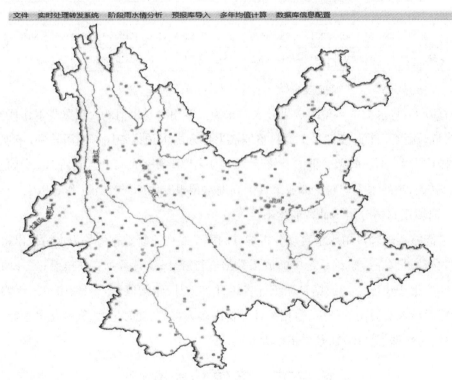

图6-3　水文资料在线应用系统运行窗口

6.3.2　系统任务及构成

系统以解决在线整编成果出库应用问题为核心任务,分为水情信息交换、洪水预报应用、实时雨水情分析3个模块,见图6-4。《水文资料在线应用系统》实现水文资料在线整编、水情信息交换、洪水预报3个业务系统间数据交换的问题,从而实现水文资料在线整编、水情报汛报旱、洪水预警预报、水资源公报等工作数据"同数一源",为高质量水文信息服务做好技术保障。

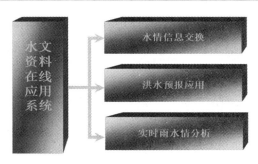

图6-4　水文资料在线应用系统模块图

6.3.3　系统运行配置要求

线整编成果实时应用系统可放置于10.53.***.***网段中任何计算机,系统运行配置要求如下:

软件平台:

1.Microsoft Windows Server 2003、Microsoft Windows Server 2008【32/ 64位】操作系统;

2.Microsoft Office Excel 2010及以上版本;

3.NET Framework 3.5;

数据库管理平台:

SQL Server:SQL Server 2000 SP4及以上版本;

6.3.4　在线整编成果实时转发模块

在线整编成果实时转发模块能按规范要求实时将降水、蒸发、水位、流量4要素整编成果处理成标准格式后转发到实时雨水情库,提高报汛报旱数据质量,解决整编与报汛报旱数据两张皮的问题。

根据《水文资料在线整编系统》整编成果,结合水情报汛任务书要求,统计处理转发降水、蒸发、水位、流量4大要素,转发模块窗口见图6-5。

图6-5　在线整编成果实时转发模块窗口图

在线整编成果实时转发模块可独立存放于10.53.***.***网段中任何服务器均可进行转发交换，在开始转发前，必须将在线整编库（水文资料在线整编系统成果库）、实时雨水情库（水情信息交换系统专用库）信息配置好。转发选项中可根据需要选择转发列表中的站点，也可以选择转发所有站点。点击"开始转发"按钮即开始转发所选站点的相关要素，5min轮询转发一次，每次轮询结束后就会在窗口中显示下次轮询时间。如需停止转发，可点击"停止转发"按钮，弹出停止密码对话框，输入正确密码后，即可停止向实时雨水情库转发在线整编成果，见图6-6。

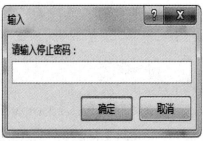

图6-6 数据库配置及停止转发窗口图

为减轻在线整编服务器数据库运行负担，根据报汛任务要求和各要素统计时段特点，将转发任务分批分时段进行。其中每小时20分前轮询统计转发整时水位流量、时段降水量，每日8:20前轮询统计转发日降水量、每旬8:20前轮询统计转发旬降水量，每日0:20~0:30轮询统计转发日水位流量均值和极值，每月1日8:20~8:30轮询统计转发月降水量，每旬0:30~0:40轮询统计转发旬水位流量均值和极值，每月1日0:30~0:40轮询统计转发月水位流量均值和极值，每年1月1日0:50~1:00轮询统计转发年水位流量均值和极值、8:50~9:00轮询统计转发年降水量值，每日10:00~10:20转发日蒸发量成果，各要素转发具体见表6-2，转发过程控制见代码图6-7。

表6-2 分时段转发任务统计表

序号	转发时间	转发任务	统计方式
1	每小时20分前	整时水位、流量、时段降水量	轮询统计
2	每日8:20分前	日降水量	轮询统计
3	每日0:20-0:30	日水位流量均值、极值	轮询统计
4	每日10:00-10:20	日蒸发量	轮询转发
5	每旬8:20前	旬降水量	轮询统计
6	每旬0:30-0:40	旬水位流量均值、极值	轮询统计
7	每月1日8:20-8:30	月降水量	轮询统计
8	每月1日0:30-0:40	月水位流量均值、极值	轮询统计
9	每年1月1日0:50-1:00	年水位流量均值、极值	轮询统计
10	每年1月1日8:50-9:00	年降水量值	轮询统计

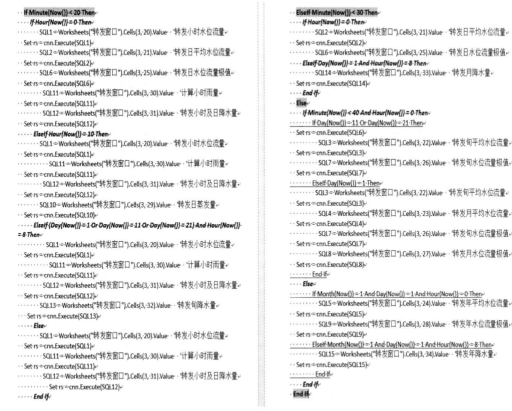

图 6-7　在线整编成果实时处理转发过程控制代码图

6.3.4.1　降水要素转发

根据在线整编库中 5min 降水量过程表 ST_PPTN_R，在信息融合库（水文资料在线应用系统专用库）中统计出时段降水量、降水时段长、天气状况、日降水量、旬降水量、月降水量、年降水量，整编站码处理为报汛站码后及时将相关要素转发至实时雨水情库中的降水量表（ST_PPTN_R）和降水量统计表（ST_PSTAT_R）。降水量所有转发要素统计均在信息融合库降水量表（PPTN_R）中完成统计，为减少旬、月、年报时的计算负担，对日、旬、月、年降水量统计进行了优化，其中日降水量根据时段降水量每小时统计一次、旬降水量根据日降水量每日统计一次，月降水量根据旬降水量每月统计一次，年降水量根据旬降水量每年统计一次，降水量要素统计转发过程见图 6-8。

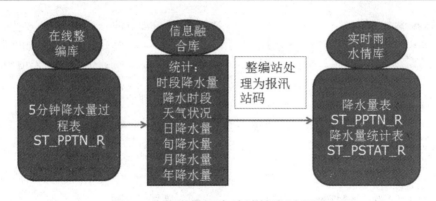

图6-8　降水量要素统计转发过程图

6.3.4.2　水位流量要素转发

　　水位流量要素转发涉及3个实时雨水情库表,分别为河道水情表(ST_RIVER_R)、河道水情极值表(ST_RVEVS_R)、河道水情多日均值表(ST_RVAV_R)。根据在线整编库中5min水位流量过程表ST_RIVER_R,在信息融合库中统计出小时水位流量、水势、日旬水位流量极值,整编站码处理为报汛站码后将相关要素转发至河道水情表(ST_RIVER_R)和河道水情极值表(ST_RVEVS_R),见图6-9。根据在线整编库中日平均水位表(HY_DZ_C)和日平均流量表(HY_DQ_C),在信息融合库中统计生成日、旬平均流量均值表,整编站码处理为报汛站码、标志时间处理为报汛时间后将相关要素转发至河道水情多日均值表(ST_RVAV_R),见图6-10。月、年水位流量均值、极值及出现时间等要素不再进行统计,将在线整编库中已有成果导入信息融合库,整编站码处理为报汛站码、标志时间处理为报汛时间后转发至河道水情多日均值表(ST_RVAV_R)和河道水情极值表(ST_RVEVS_R),见图6-11。

图6-9　小时水位流量要素统计转发过程

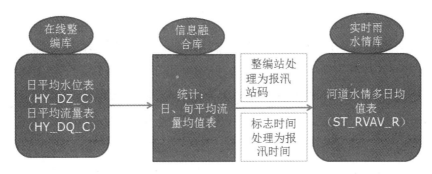

图6-10　日旬水位流量要素统计转发过程

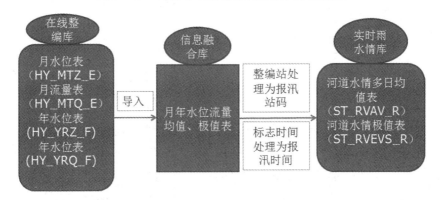

图6-11　月年水位流量要素统计转发过程

6.3.4.3　蒸发要素转发

将在线整编库中蒸发量日表(HY_DWE_C)导入信息融合库,整编站码处理为报汛站码、标志时间处理为报汛时间、蒸发器型式处理为报汛格式后将相关要素转发至实时雨水情库中的日蒸发量表(ST_DAYEV_R),见图6-12。

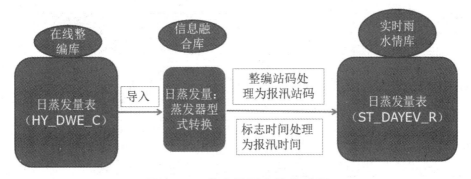

图6-12　蒸发量要素转发过程

6.3.5　阶段雨水情分析模块

阶段雨水情分析模块能根据洪水预报专用库中的历史系列资料计算出各站历年日、旬、月等均值成果,并通过实时提取在线整编成果数据与历史数据作对比分析,形成阶段雨水情分析表,解决在线整编成果实时服务雨水情分析的应用难题,同时让阶段雨水情分析工作更智能化。

阶段雨水情分析工作是对指定区域一定时段内各站点(或区域)降水量、来水量进行统计,并与上一年或多年同一时期的统计量进行对比分析,是水情工作的重要组成部分,快速统计分析出阶段雨水情是水文高质量服务防汛抗旱的重要保障。阶段雨水情分析模块能根据给定的时段,快速提取指定数据库中的数据进行统计分析,阶段雨水情分析模块窗口见图6-13。

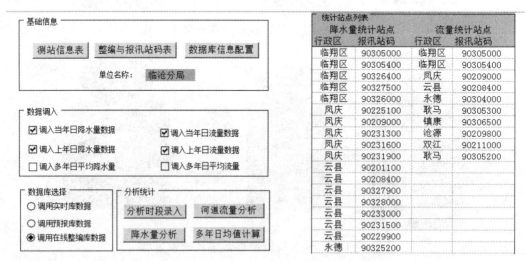

图6-13　阶段雨水情分析模块窗口图

在应用阶段雨水情分析模块进行分析统计前,应首先在报汛与整编站码对照表中输入报汛站码和整编站码不同的站点信息如图6-14,然后将需要参与统计分析的降水、流量站点的行政区和报汛站码输入到列表中。

报汛站码	整编雨里站码	整编水文站码		降水量统计站点		流量统计站点	
				行政区	报汛站码	行政区	报汛站码
90201100	90230000	90201100		临翔区	90305000	临翔区	90305000
90201200	90233945	90201300		临翔区	90305400	临翔区	90305400
90208220	90232310	90208220		临翔区	90326400	凤庆	90209000
90208250	90233910	90208250		临翔区	90327500	云县	90208400
90208400	90232700	90208400		临翔区	90326000	永德	90304000
90208600	90230750	90208550		凤庆	90225100	耿马	90305300
90209000	90232150	90208950		凤庆	90209000	镇康	90306500
90209080	90230580	90209080		凤庆	90231300	沧源	90209800
90209320	90233955	90209320		凤庆	90231600	双江	90211000
90209400	90234910	90209400		凤庆	90231900	耿马	90305200
90209560	90236475	90209560		云县	90201100		
90209800	90236500	90209800		云县	90208400		
90210060	90236160	90210060		云县	90327900		
90211000	90237800	90211000					

图6-14　阶段雨水情分析统计站点基础信息录入表

完成报汛与整编站码对照表录入、统计站点信息录入后,可按需求开展阶段雨水情分析统计。模块可同时统计分析3个不同时段的阶段雨水情,时段可跨年但3个时段内的最大与最小日期相差不能超过366天。数据提取有6个选项,分别为当年、上年、多年日降水和日平均流量数据,数据源可选择实时雨水情库、洪水预报专用库和在线整编库,各项数据可同时提取、也可以单独提取。其中,洪水预报专用库及在线整编库中无多年均值表,故降水和流量多年均值提取只能选择实时雨水情库。

点击模块窗口中的"多年日均值计算"按钮,即可根据洪水预报专用库中的日降水量表和日流量表生成日、旬、月多年均值表和旬、月系列表,日、旬、月均值计算窗口见图6-15。

 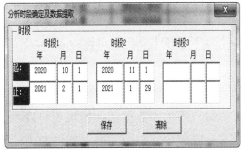

图6-15　阶段雨水情分析时段和日均值计算窗口图

分析时段录入、取数据选项勾选后,可进入降水量、流量取数分析窗口,完成数据库信息配置后即可进行降水量分析、河道流量分析,取数分析窗口见图6-16。点击取数分析后就会生成降水量、河道流量分析统计成果表,见图6-17。

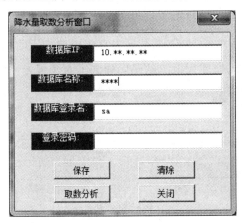 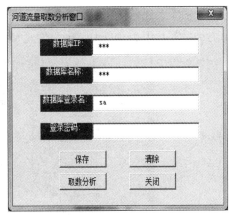

图6-16　降水量、河道流量取数水情分析窗口

县(区)	与历年同期比(%)			与上年同期比(%)			行政区	多年(mm)			上一年(mm)			当年(mm)		
	10月1日~2月1日	11月1日~1月29日	1月1日~1月31日	10月1日~2月1日	11月1日~1月29日	1月1日~1月31日		1001~201均值	1101~129均值	101~131均值	1001~201均值	1101~129均值	101~131均值	1001~201均值	1101~129均值	101~131均值
全部	-43.0	-68.4	-69.7	-33.1	-77.4	-92.8	全部	215.6	88.9	20.5	183.8	124.2	86.6	122.9	28.1	6.2
临翔区	-34.4	-71.0	-58.8	-25.9	-79.0	-90.1	临翔区	202.9	91.0	27.5	179.7	113.1	81.9	133.1	23.7	8.1
凤庆	-56.4	-73.3	-72.3	-52.5	-82.6	-91.3	凤庆	230.7	90.6	27.5	211.9	138.7	87.2	100.6	24.2	7.6
云县	-47.8	-73.6	-76.9	-41.5	-83.1	-94.4	云县	182.0	72.9	19.8	162.4	113.8	81.6	95.0	19.2	4.6
永德	-51.2	-75.2	-65.0	-46.9	-83.9	-91.9	永德	184.8	78.9	17.1	170.0	121.6	74.3	90.2	19.6	6.0
耿马	-28.2	-55.3	-70.1	1.5	-64.3	-92.6	耿马	220.2	92.9	21.7	155.7	116.3	87.3	158.0	41.5	6.5
镇康	-42.6	-49.4	-42.0	-31.1	-62.9	-89.1	镇康	257.3	106.6	20.5	214.4	145.1	109.3	147.6	53.9	11.9
沧源	-58.6	-79.2	-92.7	-52.1	-82.4	-98.2	沧源	236.7	102.3	20.5	204.8	121.0	98.0	147.6	21.3	3.5
双江	-23.5	-75.0	-79.7	-6.3	-82.8	-96.0	双江	210.4	85.4	17.2	171.8	124.2	87.3	161.0	21.3	3.5

报汛站码	多年流量(m³/s)			上一年流量(m³/s)			当年流量(m³/s)			与历年同期比(%)			与上年同期比(%)			站名	整编站码
	1001~201	1101~129	101~131	1001~201	1101~129	101~131	1001~201	1101~129	101~131	01~201	01~129	01~131	01~201	01~129	01~131		
90305000	11.2	9.71	7.69	4.46	4.29	5.33	7.76	5.58	4.19	-30.7	-42.5	-45.5	74.0	30.1	-21.4	大文(二)	90305000
90305400	3.25	2.78	1.98	1.56	1.44	1.79	2.51	1.84	1.43	-22.8	-33.8	-27.8	60.9	27.8	-20.1	西河(二)	90305400
90209900	3.46	3.00	2.49	2.28	2.18	2.17	2.70	2.32	1.59	-22.0	-22.7	-36.1	18.4	6.4	-26.7	凤山	90209950
90208400	47.4	40.9	30.4	25.6	23.2	25.4	31.9	25.3	19.3	-32.7	-38.1	-36.5	24.6	9.1	-24.0	太平关(二)	90208400
90304000	6.11	5.13	3.39	2.75	2.66	3.42	2.84	2.03		-32.1	-44.6	-40.1	50.9	6.8	-40.6	永康(二)	90304000
90305300	127	107	80.4	90.0	75.6	72.9	130	91.6	67.9	2.4	-14.4	-15.5	44.4	21.2	-6.9	大湾江	90305300
90306500	11.3	9.82	7.29	7.77	7.03	6.92	9.68	7.68	5.75	-14.3	-21.8	-21.1	24.6	9.2	-16.9	凤尾坝	90306500
90209800	34.4	28.5	18.2	19.2	15.0	14.8	27.0	16.7	10.4	-21.5	-41.4	-42.9	40.6	11.3	-29.7	勐省(二)	90209800
90211000	14.1	12.1	8.57	7.11	6.18	7.17	13.9	9.52	7.76	-1.4	-21.3	-9.5	95.5	54.0	1.2	旬头(三)	90211000
90305200	75.1	65.4	47.6	35.5	29.6	32.2	58.4	42.8	34.1	-22.2	-34.6	-28.4	64.5	44.6	5.9	站老河	90305200

图6-17 降水量、河道流量阶段分析成果图

6.3.6 整编与预报库数据转换模块

整编与预报库数据转换模块能将降水、蒸发、水位、流量4要素整编成果处理成洪水预报系统标准格式后导入洪水预报专用库,解决在线整编成果难以及时应用于洪水预报的问题。

使用整编与预报库数据转换模块前,必须先在报汛与整编站码对照表中输入报汛站码与整编站码不同的站点信息(同图6-14),并在数据库配置窗口中配置洪水预报专用库和在线整编库信息,在降水量统计和流量统计站点列表中输入需要进行数据转换处理的报汛站码。完成上述两步骤后,即可进入在线整编库与洪水预报专用库数据处理窗口,模块有5项转换处理功能,见图6-18。降水量、蒸发量、水位流量日表直接提取指定时段内在线整编库中相应日表的成果数据,将整编站码处理为报汛站码后导入洪水预报专用库。

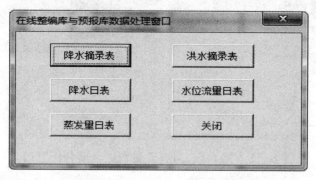

图6-18 在线整编库与洪水预报专用库数据处理窗口

降水量摘录表根据在线整编库中5min降水量过程表(ST_PPTN_R)生成,首先将指定时段内在线整编库中5min降水量过程数据提取到信息融合库中,通过分析处理后生成小时降水量摘录表,同时导出到电子表格,并按需要选择是否直接导入洪水预报专用库,见图6-19。

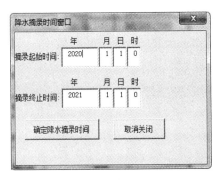

图6-19　降水摘录表生成、处理窗口

洪水摘录表根据在线整编库中5min水位流量过程表(ST_RIVER_R)生成,将指定时段内在线整编库中5min水位流量过程数据提取到信息融合库中,首先根据指定的弦线差压缩5min数据,然后再对整时数据进行压缩处理,数据压缩完成后生成洪水摘录表,同时导出到电子表格,并按需要选择是否直接导入洪水预报专用库,见图6-20。

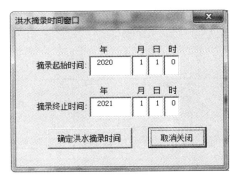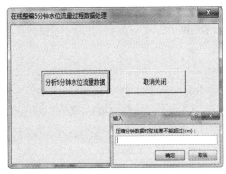

图6-20　洪水摘录表生成、处理窗口

第四节　系统应用现实意义

《水文资料在线应用系统》的开发应用,解决了水文资料在线整编、水情信息交换、洪水预报3个业务系统间数据交换的问题,最终实现水文资料在线整编、水情报汛报旱、洪水预警预报、水资源公报等工作数据"同数一源",为高质量水文信息服务做好技术保障。

在线整编成果的实时转发模块较好的解决了水文整编数据与报汛报旱数据两张皮的现实问题,提高水文信息服务质量。

阶段雨水情分析模块提高了数据分析统计速率,实现3个业务系统(水文资料在线整编、水情信息交换、洪水预报)配套数据库的实时和历史数据一键提取、快速统计分析,且分析统计时段自由可控,同时也是水文高质量服务社会的具体体现,着力为打通水文服务社会"最后一公里"助力。

整编与预报库数据转换模块能快速完成数据处理转换,使在线整编成果能及时应用于洪水预警预报工作。通过利用在线整编成果及时率定预报方案参数,从而提高工作效率和洪水预警预报方案精度,进一步从技术上提高了水文防汛减灾工作效率。

第七章 水文监测资料在线汇交系统

第一节 概 述

水文监测资料是国民经济和社会发展不可缺少的基础资料。水文监测资料汇交是《中华人民共和国水文条例》明确的一项重要内容,是水文行业管理的重要工作。随着经济社会快速发展,对水文信息需求不断增长,实施水文监测资料汇交制度,对于全面提升水文监测资料的系统性、完整性,提升水文服务能力意义重大。要紧密围绕"十六字"治水思路,充分认识立足新发展阶段、贯彻新发展理念、构建新发展格局对水文监测资料汇交工作的新要求,充分认识全面贯彻落实《水文监测资料汇交管理办法》的重要性和紧迫性,积极开展汇交工作,更好支撑国民经济和社会高质量发展。

术语及定义:

水文监测资料

对江河、湖泊、渠道、水库的水位、流量、泥沙、水温、气温、水质、水下地形和地下水资源,以及降水量、蒸发量、墒情等实施监测和水文调查所得资料及其整理分析的成果。

水文监测资料汇交

在云南省领域内从事地表水、地下水的水位、流量、泥沙、水温、气温、水质、降水、蒸发、土壤墒情等监测的单位以及其他从事水文监测的单位,应汇交水文监测资料。

水文监测资料在线汇交系统

采用互联网+校验处理技术对汇交的水文监测资料汇交文件进行筛选处置及输出工作的总称。是采用互联网+校验处理技术对对江河、湖泊、渠道、水库的水位、流量、泥沙、水温、气温、水质、水下地形和地下水资源,以及降水量、蒸发量、墒情等实施监测和水文调查所得资料及其整理分析的成果等水文监测资料汇交文件进行筛选处置并输出入库数据文件工作的过程。

水文监测资料汇交校验

对所收集的水文监测资料从成果的完整性、单站合理性、汇交资料关联性及精度取舍的规范性等角度对其进行筛选判断的过程。

水文监测资料汇交处理

对所收集的水文监测资料经过对成果的完整性、单站合理性、汇交资料关联性及精度取舍的规范性等判断其不符合设置条件的资料,针对具体问题结合实际调查结果按规范要求进行处置的过程。

水文监测资料汇交合理性分析

对所收集的水文监测资料经过校验处理后形成的多站点多要素的资料集从时空上进行合理性判断的过程。

7.1.1 水文监测资料在线汇交系统的由来

为了加强和规范水文监测资料汇交工作,促进资料利用,充分发挥水文服务国民经济和社会发展的作用,2020年10月22日水利部令第51号发布《水文监测资料汇交管理办法》(2020年)。

云南省水文水资源局为落实《水文监测资料汇交管理办法》,编制了《水文监测资料汇交规范》,规范进一步明确了水文监测资料汇交方式,即:汇交的水文监测资料数据文件采用电子文档方式汇交,文本部分电子文件的格式Word简体中文格式或WPS格式,存档电子文件的格式均采用有书签的PDF格式。附表类文件采用Microsoft Excel简体中文格式。

《水文年鉴排版集成系统》主要功能是水文资料排版,为更好发挥《水文年鉴排版集成系统》的作用,同时高效实现水文监测资料汇交工作任务,云南省水文水资源局红河分局承担开发《水文监测资料在线汇交系统》,完成汇交资料筛选处置工作。

系统开发所依据的标准及规范:

1)GB/T50095 水文基本术语与符号标准

2)SL324 基础水文数据库表结构及标识符标准

3)SL61 水文自动测报系统技术规范

4)GB/T50138 水位观测标准

5)GB50179 河流流量测验规范

6)SL337 声学多普勒流量测验规范

7)SL537 水工建筑物与堰槽测流规范

8)SL21 降水量观测规范

9)SL651 水文监测数据通信规约

10)SL630 水面蒸发观测规范

11)GB50159 河流悬移质泥沙测验规范

12)SL742 水文测站考证技术规范

13)SL195 水文巡测规范

14)SL196 水文调查规范

15)SL247 水文资料整编规范

16)SL460 水文年鉴汇编刊印规范

17)YN 云南数字水文

18)YN 水文资料在线整编规范

19)GB3838 地表水环境质量标准

20)GB/T14848 地下水质量标准

21)GB5749 生活饮用水卫生标准

22)SL219 水环境监测规范

23)SL183 地下水监测规范

24)SL323 实时雨水情数据库表结构与标识符

25)SL/T324 水文数据库表结构及标识符

26)SL395 地表水资源质量评价技术规程

7.1.2 系统设计特点

系统设计特点包含易用性、先进性、可扩展性、实用性、安全可靠性及可维护性。

7.1.2.1 易用性

在系统人机界面做到简洁易用的同时,对每一个功能流程的实现做到有效合理,充分考虑人的思维习惯。

7.1.2.2 先进性

在实用可靠的前提下,采用互联网+校验处理技术及先进的解决方案体系结构和技术发展的主流通用产品,保证整个系统高效运行。

7.1.2.3 可扩展性

应用系统采用模块化接口设计,以子系统作为各功能模块的边界,各子系统之间相互独立,通过接口进行通信。因此,系统功能的改变体现在子系统功能模块的增减上,整体系统不会因技术改造或前端检测设备的增加而重新调整。

7.1.2.4 实用性

系统建设以满足水文监测资料汇交需求为首要目标,设计方案以各个部门的可接受能力为尺度。

7.1.2.5 安全可靠性

遵循国家有关安全标准,具有切实可行的安全保护和保密措施,以及对计算机犯罪的防范能力,确保数据永久安全。程序、文件、数据库有授权保护;系统内数据的读写、存储、传输过程中通过数据校验,保证数据的完整性。

7.1.2.6 可维护性

硬件设备的选型选择国内具有维护力量和技术支持能力的设备,硬件的连接完全采用标准化接口;软件设计采用面向对象的程序设计,便于系统的修改和扩充。

7.1.3 系统功能结构

《水文监测资料在线汇交系统》采用网络运行模式,实现对每个表项数据进行校验、处理、分析,最终实现成果的输出。其功能结构如图7-1所示。

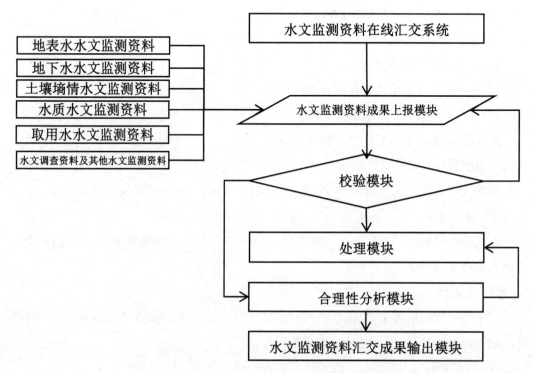

图7-1 水文监测资料在线汇交系统结构图

第二节 水文监测资料汇交范围

7.2.1 水文监测资料汇交站类

各流域管理机构和省级水行政主管部门通过统一标准、统一管理等措施,本着应汇尽汇、不重不漏的原则,按照《办法》规定,梳理汇总各行业各类水文监测资料,按照时间要求,高质量全面完成年度水文监测资料汇交。通过加强对汇交单位的业务指导,做好汇交资料工作。

国家基本水文测站、专用水文测站及其它水文监测资料。包括:

(1)地表水水源地,重要湖泊、行政区界断面、生态流量控制断面、干支流控制断面等重要断面的水文监测资料;

（2）重要地下水源地、其他区域地下水的水文监测资料；

（3）水库、引调水工程、水电站、灌区以及其他取用水工程的取（退）水、蓄（泄）水资料；

（4）城市防洪排涝、中小河流、山洪灾害易发区及土壤墒情的水文监测资料；

（5）河道和湖库水下地形资料，水文调查、水资源评价资料，水文应急监测资料。

7.2.2　水文监测资料汇交表项

7.2.2.1　地表水监测资料

（1）测站基本信息资料

水位、水文站一览表，降水量、水面蒸发量站一览表。

（2）水位监测资料

逐日平均水位表、洪水水位摘录表。

（3）流量监测资料

实测流量成果表、实测大断面成果表、逐日平均流量表、来（蓄）水量月年统计表、洪水水文要素摘录表、水库水文要素摘录表。

（4）泥沙监测资料

实测悬移质输沙率成果表、逐日平均悬移质输沙率表、逐日平均含沙量表、洪水含沙量摘录表。

（5）水温、气温监测资料

逐日水温表、逐日气温表。

（6）降水量监测资料

逐日降水量表、降水量摘录表、各时段最大降水量表（1）、各时段最大降水量表（2）。

（7）水面蒸发量监测资料

逐日水面蒸发量表。

7.2.2.2　地下水监测资料

（1）地下水监测站基本情况考证成果一览表；

（2）地下水水位逐日监测成果表；

（3）地下水水位年特征值统计表；

（4）地下水水温逐日监测成果表；

（5）地下水水温年特征值统计表。

7.2.2.3　土壤墒情监测资料

（1）土壤墒情测站一览表；

（2）土壤墒情摘录成果表；

（3）土壤墒情特征值统计表；

（4）土壤墒情监测成果表；

（5）土壤墒情人工取土含水量成果表。

7.2.2.4 水质监测资料

（1）地表水水质

地表水监测站点基本信息表、地表水月度成果表、地表水年度成果表。

（2）地下水水质

地下水监测站点基本信息、地下水月度成果表、地下水年度成果表。

（3）生物

浮游植物分析记录表、浮游动物分析记录表、底栖生物分析记录表。

7.2.2.5 取用水水文监测资料

取用水户基本信息表；

取用水户用水量统计表。

7.2.2.6 水文调查资料及其他水文监测资料

（1）调查资料

对特定地区发生异常情况时，进行水文调查所形成的成果。

（2）其他水文监测资料

第三节 水文监测资料制表

水文监测资料汇交制表包含地表水水文监测资料制表、地下水水文监测资料制表、土壤墒情水文监测资料制表、水质水文监测资料制表、取用水水文监测资料、水文调查资料及其它水文监测资料等几个部分，本节内容旨在为汇交单位及汇交人员提供各成果表详实制表说明。

7.3.1 地表水水文监测资料制表

地表水水文监测资料制表包括：水位、水文站一览表，降水量、水面蒸发量站一览表，逐日平均水位，洪水水位摘录，实测流量成果，实测大断面成果，逐日平均流量，来（蓄）水量月年统计，洪水水文要素摘录，水库水文要素摘录，实测悬移质输沙率成果，逐日平均悬移质输沙率，逐日平均含沙量，洪水含沙量摘录，逐日水温，逐日气温，逐日降水量，降水量摘录，各时段最大降水量，逐日水面蒸发量等制表。

7.3.2 地下水水文监测资料制表

地表水水文监测资料制表包括：地下水监测站基本情况考证成果一览表信息、地下水水位逐日监测成果、地下水水位年特征值统计、地下水水温逐日监测成果、地下水水温年特征值统计等制表。

"地下水埋深"应按"地下水水面至地面的距离"填写。"地下水水位"应按井口"固定点高程"减去"固定点至地下水水面距离平均值"填写。

7.3.3 土壤墒情水文监测资料制表

地表水水文监测资料制表包括:土壤墒情测站一览表信息、土壤墒情摘录成果、土壤墒情特征值统计、土壤墒情监测成果、土壤墒情人工取土含水量成果等制表。

数值统计规定:

1)统计数值时,平均值采用算术平均法计算,尾数按四舍五入处理;挑选极值时,若多次出现同一极值,则记录首次出现者的发生时间。

2)逐日监测的土壤墒情站,月内缺测不超过5次者,进行月不完全统计;超过5次者,不进行月统计。

3)逐旬监测的土壤墒情站,月内缺测1次者,进行月不完全统计;超过1次者,不进行月统计。

4)年内不完全月统计不超过2个或仅有1个不进行月统计者,进行年不完全统计;年内月不完全统计超过2个或不进行月统计者超过1个,不进行年统计。

5)有稳定封冻期的地区年缺测不超过规定监测频次15%的土壤墒情站,进行不完全年统计;超过15%的,不进行年统计。

7.3.4 水质水文监测资料制表

水质水文监测资料制表包括:地表水监测站点基本信息、地表水月度成果、地表水年度成果、地下水监测站点基本信息、地下水月度成果、地下水年度成果、浮游植物分析记录、浮游动物分析记录、底栖生物分析记录等制表。

7.3.5 取用水水文监测资料制表

取用水水文监测资料制表包括:取用水量监测站信息、取用水户用水量统计等制表。

7.3.6 水文调查资料及其它水文监测资料

7.3.6.1 水文调查资料

正确填报河名、站名、年份、测站编码、序号、调查时间、调查项目、调查值等。水文资料调查成果表见表F1。

7.3.6.2 其他水文监测资料

指汇交规范没有明确但有历史及现实意义的水文监测资料。

7.3.7 汇交标准数据文件清单

正确填报各表项文件个数,方便资料移交等。汇交标准数据文件清单见表7-1。

表7-1 汇交标准数据文件清单

_____年 汇交标准数据文件清单

汇交单位：_____ 汇交人：_____ 接收单位：_____ 接收人：_____

序号	汇交标准数据文件	数量	序号	汇交标准数据文件	数量
1	水位、水文站一览表		24	地下水监测站基本情况考证成果一览表	
2	降水量、水面蒸发量站一览表		25	地下水水位逐日监测成果表	
3	逐日平均水位表		26	地下水水位年特征值统计表	
4	洪水水位摘录表		27	地下水埋深逐日监测成果表	
5	实测流量成果表		28	地下水埋深特征值统计表	
6	实测大断面成果表		29	地下水水温逐日监测成果表	
7	逐日平均流量表		30	地下水水温年特征值统计表	
8	来(蓄)水量月年统计表		31	墒情测站一览表	
9	洪水水文要素摘录表		32	墒情摘录成果表	
10	水库水文要素摘录表		33	墒情特征值统计表	
11	实测悬移质输沙率成果表		34	墒情监测成果表	
12	逐日平均悬移质输沙率表		35	墒情人工取土含水量成果表	
13	逐日平均含沙量表		36	地表水基本信息表	
14	洪水含沙量摘录表		37	地表水月度成果表	
15	逐日水温表		38	地表水年度成果表	
16	逐日气温表		39	地下水基本信息表	
17	逐日降水量表		40	地下水月度成果表	
18	降水量摘录表		41	地下水年度成果表	
19	各时段最大降水量表(1)		42	浮游植物分析记录表	
20	各时段最大降水量表(2)		43	浮游动物分析记录表	
21	逐日水面蒸发量表		44	底栖生物分析记录表	
22	历史洪水水位调查成果表		45	水文调查资料	
23	历史洪水流量调查成果表				
备注	该清单与汇交标准数据文件一起提交接收州市水文机构				

汇交标准数据文件：_____个　汇交日期：_____年____月____日

第四节　水文监测资料汇交校验

水文监测资料汇交资料来源广泛。除水文体系内站点外，其它站点由多部门组成，每个部门下有多个监测点，每个监测点由不同的人员构成且人员变动较大，人的频繁变动因素决定了所收集的资料误差的多样性及无规律性。其次，从收集资料的设施设备看，从最原始的人工观测设施到最先进的自动化监测设备，在各个环节均会出现错误或误差，造成所收集的资料误差的多样性及无规律性。尽管资料误差的多样性及无规律性，我们不能直接从源头去控制，且这些误差会通过传递反映到资料成果中，由此需从成果的完整性、单站合理性、汇交资料关联性及精度取舍的规范性等角度对其进行校验。

7.4.1　地表水水文监测资料校验

A1 水位、水文站一览表信息表

检查内容：

站次、测站编码、水系、河名、流入何处、站名、站别、断面地点、东经、北纬、至河口距离、集水面积、设站年月、冻结基面与绝对(假定)基面高差、绝对或假定基面名称、领导机关、考证资料最近刊印年份、附注一致性、空缺情况,测站站码是否重复。

来源：

该表资料自动同步上年一览表资料,如有修改采用本年修改后资料。

数据校验：

a)同一年内一览表测站编码重复性校验。

b)与上年一览表通过同站逐项一一比对站次、测站编码、水系、河名、流入何处、站名、站别、断面地点、东经、北纬、至河口距离、集水面积、设站年月、冻结基面与绝对(假定)基面高差、绝对或假定基面名称、领导机关、考证资料最近刊印年份、附注内容是否一致、是否有空缺。

A2 降水量、水面蒸发量站一览表

检查内容：

站次、测站编码、水系、河名、站名、站别、观测场地点、东经、北纬、设站年月、绝对高程(m)、器口离地面高度(m)、型式、领导机关、附注一致性、空缺情况,测站站码是否重复。

来源：

该表资料自动同步上年一览表资料,如有修改采用本年修改后资料。

数据校验：

a)同一年内一览表测站编码重复性校验。

b)与上年一览表通过同站逐项一一比对站次、测站编码、水系、河名、站名、站别、观测场地点、东经、北纬、设站年月、绝对高程(m)、器口离地面高度(m)、型式、领导机关、附注内容是否一致、是否有空缺。

A3 逐日平均水位表

检查内容：

河名、站名、年份、测站编码、采用基面名称、换算关系、逐日平均水位、月统计、年统计、各种保证率水位等完整性、关联性、准确性、规范性。

来源：

河名、站名、年份、测站编码、采用基面名称、换算关系与水位、水文站一览表信息表比对,数值来源于上传(推送)文档或处理后的数值。

数据校验：

a)河名、站名、年份、测站编码、采用基面名称、换算关系与水位、水文站一览表信息表比对。

b)日值必须完整、不得空缺。

c)月平均、年平均、各种保证率水位计算值与上传值比对。最大、最小值出现日期与该月日值最大、最小出现日期比对,年最高、最低值及其日期与月统计值应一致。1月1日日值与上年12月31日日值比对。相邻日值比对。

d)有效位数比对。

e)附注内容应与表内资料情况相符、意义表述明确,文字简练、标点正确。

A4 洪水水位摘录表

检查内容：

河名、站名、年份、测站编码、摘录水位等完整性、准确性。

来源：

河名、站名、年份、测站编码与水位、水文站一览表信息表比对,数值来源于上传(推送)文档或处理后的数值。

数据校验：

a)河名、站名、年份、测站编码与水位、水文站一览表信息表比对。

b)摘录时段必须完整、不得空缺。

c)采用摘录值所计算的日平均水位与同日日平均水位应小于2cm。逐日平均日表所挑选的最大最小值若处于该摘录时段,必须一致。

d)有效位数比对。

A5 实测流量成果表

检查内容：

河名、站名、年份、测站编码、施测号数、实测时间、断面位置、测验方法、基本水尺水位、流量、断面面积、流速、水面宽、水深、水面比降、糙率、附注等完整性、准确性。

来源：

河名、站名、年份、测站编码与水位、水文站一览表信息表比对,数值来源于上传(推送)文档或处理后的数值。

数据校验：

a)河名、站名、年份、测站编码与水位、水文站一览表信息表比对。

b)施测号数、实测时间、断面位置、测验方法、基本水尺水位、流量、断面面积、流速、水面宽、水深完整、不得空缺。

c)施测号数应顺序编号不得间断;实测开始数据不得大于结束时间,时间间距不大于2小时,比降法时只能有开始时间;断面位置只能为"基""基上(下)××m"、"闸上(下)××m"、"坝上(下)××m"。水面宽随水位增高逐渐增大,相同水位对应水面宽基本一致,表内平均流速、平均水深关系计算。

d)各监测要素有效位数判断。

e)附注内容应与表内资料情况相符、意义表述明确,文字简练、标点正确。

A6 实测大断面成果表

检查内容:

河名、站名、年份、测站编码、施测日期、断面名称、测时水位、垂线号、起点距、河底高程及有效位数判断等完整性、准确性。

来源:

河名、站名、年份、测站编码、与水位、水文站一览表信息表比对,数值来源于上传(推送)文档或处理后的数值。

数据校验:

a)河名、站名、年份、测站编码、采用基面名称、换算关系与水位、水文站一览表信息表比对。

b)数据完整、连续,不得空缺。

c)施测日期合理、断面名称正确、测时水位应有对应的两个起点距、垂线号线开始为左(右)岸、结束为右(左)岸、起点距逐次相等(不超过3组)或增大、相邻河底高程差值合理。相邻断面同一起点距河底高程差合理。

d)有效位数比对。

附注内容应与表内资料情况相符、意义表述明确,文字简练、标点正确。

A7 逐日平均流量表

检查内容:

河名、站名、年份、测站编码、集水面积、逐日平均流量、月统计、年统计、径流量、径流模数、径流深度等完整性、准确性。

来源:

河名、站名、年份、测站编码、集水面积与水位、水文站一览表信息表比对,数值来源于上传(推送)文档或处理后的数值。

数据校验:

a)河名、站名、年份、测站编码、集水面积与水位、水文站一览表信息表比对。

b)日值必须完整、不得空缺。

c)月平均、年平均、径流量、径流模数、径流深度计算值与上传值比对。最大、最小值出现日期与该月日值最大、最小出现日期比对,年最高、最低值及其日期与月统计值应一致。相邻日值比对。

d)集水面积、流量、径流量、径流模数、径流深度有效位数判断。

e)附注内容应与表内资料情况相符、意义表述明确,文字简练、标点正确。

A8 来(蓄)水量月年统计表

检查内容:

河名、站名、年份、测站编码、1日8时库水位、相应蓄水量、蓄水变量、引进水量、出库总水量、来水总量、附 注等完整性、准确性。

来源:

河名、站名、年份、测站编码与水位、水文站一览表信息表比对,数值来源于上传(推送)文档或处理后的数值。

数据校验:

a)河名、站名、年份、测站编码与水位、水文站一览表信息表比对。

b)1日8时库水位、相应蓄水量、蓄水变量、引进水量、出库总水量、来水总量、附注必须完整、不得空缺。

c)利用公式 $WI = \Delta V - W_r + W_c + W + W_s + W_E$ 计算水库集水区来水总量与上传值比对。

d)水位、水量有效位数判断。

e)附注内容应与表内资料情况相符、意义表述明确,文字简练、标点正确。

A9 洪水水文要素摘录表

检查内容:

河名、站名、年份、测站编码、摘录水位等完整性、准确性。

来源:

河名、站名、年份、测站编码与水位、水文站一览表信息表比对,数值来源于上传(推送)文档或处理后的数值。

数据校验:

a)河名、站名、年份、测站编码与水位、水文站一览表信息表比对。

b)摘录时段必须完整、不得空缺。

c)采用摘录值所计算的日平均水位与同日日平均水位应小于2cm,流量、含沙量与日值接近。相邻水位、流量变化合理。

d)水位、流量、单沙有效位数判断。

A10水库水文要素摘录表

检查内容：

河名、站名、年份、测站编码、摘录坝上水位、蓄水量、出库流量等完整性、准确性。

来源：

河名、站名、年份、测站编码与水位、水文站一览表信息表比对，数值来源于上传（推送）文档或处理后的数值。

数据校验：

a）河名、站名、年份、测站编码与水位、水文站一览表信息表比对。

b）摘录时段必须完整、不得空缺。

c）采用摘录值所计算的日平均水位与同日日平均水位应小于2cm，水位变化与蓄水量、出库流量变化相吻合。

d）有效位数比对。

A11实测悬移质输沙率成果表

检查内容：

河名、站名、年份、测站编码、施测号数、施测时间、流量、断面输沙率、含沙量、测验方法、附注等完整性、准确性。

来源：

河名、站名、年份、测站编码与水位、水文站一览表信息表比对，数值来源于上传（推送）文档或处理后的数值。

数据校验：

a）河名、站名、年份、测站编码与水位、水文站一览表信息表比对。

b）施测号数、施测时间、流量、断面输沙率、含沙量、测验方法必须完整、不得空缺。

c）输沙率号数应连续；施测时间与实测流量成果表相应施测号数流量施测时间、流量应一致；断面输沙率/流量值与上传的断面平均含沙量比较，与单样含沙量应相近。断面平均含沙量测验方法应用三组文字和数字表示，并应符合下列要求，单样含沙量测验方法填写实测输沙率时相应单沙的测验方法。

d）流量、输沙率、含沙量有效位数判断。

e）附注内容应与表内资料情况相符、意义表述明确，文字简练、标点正确。

A12逐日平均悬移质输沙率表

检查内容：

河名、站名、年份、测站编码、集水面积、逐日平均悬移质输沙率、月统计、年统计、最大日平均输沙率、输沙量、输沙模数等完整性、准确性。

来源：

河名、站名、年份、测站编码、集水面积与水位、水文站一览表信息表比对，数值来源于上传(推送)文档或处理后的数值。

数据校验：

a)河名、站名、年份、测站编码、集水面积与水位、水文站一览表信息表比对。

b)日值必须完整、不得空缺。

c)月平均、年平均计算值与上传值比对。最大、最小值出现日期与该月最大、最小出现日期比对，年最高、最低值及其日期与月统计值应一致。最大日平均输沙率、输沙量、输沙模数计算值与上传值比对。1月1日日值与上年12月31日日值比对。相邻日值比对。

d)集水面积、输沙率、输沙量、输沙模数有效位数比对。

e)附注内容应与表内资料情况相符、意义表述明确，文字简练、标点正确。

A13 逐日平均含沙量表

检查内容：

河名、站名、年份、测站编码、逐日平均含沙量、月统计、年统计等完整性、准确性。

来源：

河名、站名、年份、测站编码与水位、水文站一览表信息表比对，数值来源于上传(推送)文档或处理后的数值。

数据校验：

a)河名、站名、年份、测站编码与水位、水文站一览表信息表比对。

b)日值必须完整、不得空缺。

c)日平均、月平均、年平均输沙率均以逐日平均悬移质输沙率表除以对应的逐日日平均流量表值所得值与上传值比对；流量为0时若水位为河干则对应值为河干。平均流量、平均输沙率与逐日平均悬移质输沙率表、逐日日平均流量表对应值比对。最大、最小值出现日期与该月日值最大、最小出现日期比对，年最高、最低值及其日期与月统计值应一致。1月1日日值与上年12月31日日值比对。相邻日值比对。

d)含沙量、流量、输沙率有效位数判断。

e)附注内容应与表内资料情况相符、意义表述明确，文字简练、标点正确。

A14 洪水含沙量摘录表

检查内容：

河名、站名、年份、测站编码、洪水含沙量摘录等完整性、准确性。

来源：

河名、站名、年份、测站编码与水位、水文站一览表信息表比对，数值来源于上传(推送)文档或处理后的数值。

数据校验：

a)河名、站名、年份、测站编码与水位、水文站一览表信息表比对。

b)摘录时段必须完整、不得空缺。

c)c)摘录时段内的完整月最大、最小值与逐日平均含沙量表月最大、最小应一致，相邻单沙变化合理。

d)含沙量有效位数判断。

A15逐日水温表

检查内容：

河名、站名、年份、测站编码、逐日水温、月统计、年统计等完整性、准确性。

来源：

河名、站名、年份、测站编码与水位、水文站一览表信息表比对，数值来源于上传(推送)文档或处理后的数值。

数据校验：

a)河名、站名、年份、测站编码与水位、水文站一览表信息表比对。

b)日值必须完整、不得空缺。

c)水温值不得为负数。与逐日水温比对，河干时填写河干；部分河干时，8时河干者记"河干"，8时有水者记观测值。全月资料完整或各旬有水温资料不少于8天时，以月总数除以实际观测天数作为月平均值，不加括号。月最高、最低水温及日期在全月观测值中挑选，若最高、最低水温出现在20时，应在附注中说明。全月资料不全时，最高、最低水温及日期宜加括号。全月河干，平均填写"河干"，最大及日期填写"河干"及"1"，最小及日期填写"河干"及"1"。一月部分时间河干，其余时间有水，各旬有水天数少于8天者，平均填写"部分河干"，最高、最低及日期在有记录期间挑选。最高、最低值出现日期与该月日值最高、最低出现日期比对，年最高、最低值及其日期与月统计值应一致。1月1日日值与上年12月31日日值比对。相邻日值比对。

d)有效位数判断。

e)附注内容应与表内资料情况相符、意义表述明确，文字简练、标点正确。

A16逐日气温表

检查内容：

河名、站名、年份、测站编码、逐日气温、月统计、年统计等完整性、准确性。

来源：

河名、站名、年份、测站编码、与水位、水文站一览表信息表比对，数值来源于上传(推送)文档或处理后的数值。

数据校验:

a)河名、站名、年份、测站编码与水位、水文站一览表信息表比对。

b)日值必须完整、不得空缺。

c)月平均、年平均计算值与上传值比对。最大、最小值出现日期与该月日值最大、最小出现日期比对,年最高、最低值及其日期与月统计值应一致。1月1日日值与上年12月31日日值比对。相邻日值比对。

d)气温有效位数判断。

e)附注内容应与表内资料情况相符、意义表述明确,文字简练、标点正确。

A17 逐日降水量表

检查内容:

河名、站名、年份、测站编码、采用基面名称、换算关系、逐日平均水位、月统计、年统计、各种保证率水位等完整性、准确性。

来源:

河名、站名、年份、测站编码与降水量、水面蒸发量站一览表(含资料索引)比对,数值来源于上传(推送)文档或处理后的数值。

数据校验:

a)河名、站名、年份、测站编码与降水量、水面蒸发量站一览表(含资料索引)比对。

b)有降水量时日值必须完整、不得空缺,同时降水日数一般不大于300天。

c)月总数、月降水日数、年总数、年降水日数计算值与上传值比对。全月未降水时月降水量填写"0";全月无降水日者,记"0"。月最大、最小值及出现日期与该月日值最大、最小出现日期比对,年最高、最低值及其日期与月统计值应一致。年最大1日降水量及连续3、7、15、30日统计值与上传值一致。

d)降水量有效位数判断,分辨率判断。

e)附注内容应与表内资料情况相符、意义表述明确,文字简练、标点正确。

A18 降水量摘录表

检查内容:

河名、站名、年份、测站编码、降水量摘录等完整性、准确性。

来源:

河名、站名、年份、测站编码与降水量、水面蒸发量站一览表(含资料索引)比对,数值来源于上传(推送)文档或处理后的数值。

数据校验:

a)河名、站名、年份、测站编码与降水量、水面蒸发量站一览表(含资料索引)比对。

b)摘录时段必须完整、不得空缺。摘录段制采用24段制。

c)采用摘录值所计算的日降水量与同日日降水量应一致,摘录时段不能跨越分界时间2、8、14、20,相邻时段的降水强度等于或小于2.5mm/h合并处理判断。

d)降水量有效位数判断。

A19 各时段最大降水量表(1)

河名、站名、年份、测站编码与降水量、水面蒸发量站一览表(含资料索引)比对,数值来源于上传(推送)文档或处理后的数值。

数据校验:

a)河名、站名、年份、测站编码与降水量、水面蒸发量站一览表(含资料索引)比对。

b)各时段降水量必须完整、不得空缺。

c)采用10、20、30、45、1×60、1.5×60、2×60、3×60、4×60、6×60、9×60、12×60、24×60所对应相邻量大小判断,应逐渐增大或相等;各时段量除以时段长的变率相邻值应逐渐减小;1×60min对应值应大于等于单个摘录值,24×60min对应值应大于等于全年最大日值。

d)降水量有效位数判断。

A20 各时段最大降水量表(2)

河名、站名、年份、测站编码与降水量、水面蒸发量站一览表(含资料索引)比对,数值来源于上传(推送)文档或处理后的数值。

数据校验:

e)河名、站名、年份、测站编码与降水量、水面蒸发量站一览表(含资料索引)比对。

f)各时段降水量必须完整、不得空缺。

g)采用1、2、3、6、12、24h所对应相邻量大小判断,应逐渐增大或相等;各时段量除以时段长的变率相邻值应逐渐减小;1h对应值应等于单个摘录值,24h对应值应大于等于全年最大日值。

h)降水量有效位数判断。

A21 逐日水面蒸发量表

检查内容:

河名、站名、年份、测站编码、蒸发器位置特征、蒸发器型式、日值、月统计、年统计等完整性、准确性。

来源:

河名、站名、年份、测站编码与降水量、水面蒸发量站一览表(含资料索引)比对,数值来源于上传(推送)文档或处理后的数值。

数据校验：

a)河名、站名、年份、测站编码与降水量、水面蒸发量站一览表(含资料索引)比对。

b)表头蒸发器位置特征、蒸发器型式、日值必须完整、不得空缺。

c)水面蒸发量为负值,则一律记为"0.0+"。不论是逐日观测或数日测记一次水面蒸发总量,均在观测值右侧加注结冰符号"B",未观测日栏内填写结冰及合并符号"B↓"。月、年水面蒸发量计算值与上传值比对。月最大、最小日水面蒸发量从本月各日数值中挑选与上传值比对,年最高、最低值及其日期与月统计值应一致。相邻日值比对。

d)蒸发量有效位数判断。

e)附注内容应与表内资料情况相符、意义表述明确,文字简练、标点正确。

7.4.2 地下水水文监测资料校验

B1 地下水监测站基本情况考证成果一览表

检查内容：

年份、州市、序号、站名、类别、测站编码、位置、东经、北纬、起始监测日期、监测井类型、地下水类型、产生自流、井深、高程、监测项目、附注一致性、空缺情况,测站站码是否重复。

来源：

该表资料自动同步上年一览表资料,如有修改采用本年修改后资料。

数据校验：

a)同一年内一览表测站编码重复性校验。

b)与上年一览表通过同站逐项一一比对州市、序号、站名、类别、测站编码、位置、东经、北纬、起始监测日期、监测井类型、地下水类型、产生自流、井深、高程、监测项目、附注内容是否一致、是否有空缺。

B2 地下水水位逐日监测成果表

检查内容：

站名、年份、测站编码、采用基面名称、换算关系、逐日平均水位、月统计、年统计水位等完整性、关联性、准确性、规范性。

来源：

站名、年份、测站编码、采用基面名称、换算关系与水地下水监测站基本情况考证成果一览表比对,数值来源于上传(推送)文档或处理后的数值。

数据校验：

a)站名、年份、测站编码、采用基面名称、换算关系与地下水监测站基本情况考证成果一览表比对。

b)日值必须完整、不得空缺。

c)月平均、年平均、年变幅、年末差计算值与上传值比对。月最大、最小值出现日期与该月日值最大、最小及出现日期比对,年最高、最低值及其日期与月统计值应一致。1月1日日值与上年12月31日日值比对。相邻日值比对。

d)水位有效位数判断。

e)附注内容应与表内资料情况相符、意义表述明确,文字简练、标点正确。

B3 地下水水位年特征值统计表

检查内容:

年份、州市、序号、站名、测站编码、高程、最高水位、最低水位、年变幅、年平均水位、上年末水位、年末差等完整性、关联性、准确性、规范性。

来源:

年份、州市、序号、站名、测站编码、高程与水地下水监测站基本情况考证成果一览表比对,数值来源于上传(推送)文档或处理后的数值。

数据校验:

a)年份、州市、序号、站名、测站编码、高程与地下水监测站基本情况考证成果一览表比对。

b)项目对应值必须完整、不得空缺。

c)年平均水位、年最高、最低水位值及其日期与同站地下水水位逐日监测成果表应一致。年变幅计算值与上传值一致。上年年末水位减去本年年末水位差值与上传值一致。1月1日日值与上年12月31日日值比对。年变幅与年末差比值合理。

d)高程、水位有效位数判断。

e)附注内容应与表内资料情况相符、意义表述明确,文字简练、标点正确。

B4 地下水埋深逐日监测成果表

检查内容:

站名、年份、测站编码、采用基面名称、换算关系、逐日平均埋深、月统计、年统计埋深等完整性、关联性、准确性、规范性。

来源:

站名、年份、测站编码、采用基面名称、换算关系与水地下水监测站基本情况考证一览表比对,数值来源于上传(推送)文档或处理后的数值。

数据校验:

a)河名、站名、年份、测站编码、采用基面名称、换算关系与地下水监测站基本情况考证成果一览表比对。

b)日值必须完整、不得空缺。

c)月平均、年平均、年变幅、年末差计算值与上传值比对。月最大、最小值出现日期与该月日值最大、最小及出现日期比对,年最大、最小值及其日期与月统计值应一致。1月1日日值与上年12月31日日值比对。相邻日值比对。

d)埋深有效位数判断。

e)附注内容应与表内资料情况相符、意义表述明确,文字简练、标点正确。

B5 地下水埋深年特征值统计表

检查内容:

年份、州市、序号、站名、测站编码、高程、最高水位、最低水位、年变幅、年平均水位、上年末水位、年末差等完整性、关联性、准确性、规范性。

来源:

年份、州市、序号、站名、测站编码、高程与水地下水监测站基本情况考证成果一览表比对,数值来源于上传(推送)文档或处理后的数值。

数据校验:

a)年份、州市、序号、站名、测站编码、高程与地下水监测站基本情况考证成果一览表比对。

b)项目对应值必须完整、不得空缺。

c)年平均埋深、年最大、最小埋深值及其日期与同站地下水埋深逐日监测成果表应一致。年变幅计算值与上传值一致。上年年末埋深减去本年年末埋深差值与上传值一致。1月1日日值与上年12月31日日值比对。年变幅与年末差比值合理。

d)高程、水位有效位数判断。

e)附注内容应与表内资料情况相符、意义表述明确,文字简练、标点正确。

B6 地下水水温逐日监测成果表

检查内容:

站名、年份、测站编码、逐日水温、月统计、年统计埋深等完整性、关联性、准确性、规范性。

来源:

站名、年份、测站编码与水地下水监测站基本情况考证成果一览表比对,数值来源于上传(推送)文档或处理后的数值。

数据校验:

a)站名、年份、测站编码与地下水监测站基本情况考证成果一览表比对。

b)日值必须完整、不得空缺。

c)月平均、年平均、年变幅、年末差计算值与上传值比对。月最高、最低值出现日期与该月日值最大、最小及出现日期比对,年最高、最低值及其日期与月统计值应一致。1月1日日值与上年12月31日日值比对。相邻日值比对。

d)水温有效位数判断。

e)附注内容应与表内资料情况相符、意义表述明确,文字简练、标点正确。

B7　地下水水温特征值统计表

检查内容:

年份、州市、序号、站名、测站编码、高程、最高水温、最低水温、年变幅、年平均水温、上年末水温、年末差等完整性、关联性、准确性、规范性。

来源:

年份、州市、序号、站名、测站编码、高程与水地下水监测站基本情况考证成果一览表比对,数值来源于上传(推送)文档或处理后的数值。

数据校验:

a)年份、州市、序号、站名、测站编码、高程与地下水监测站基本情况考证成果一览表比对。

b)项目对应值必须完整、不得空缺。

c)年平均水温、年最高、最低水温值及其日期与同站地下水水温逐日监测成果表应一致。年变幅计算值与上传值一致。上年年末水温减去本年年末水温差值与上传值一致。1月1日日值与上年12月31日日值比对。年变幅与年末差比值合理。

d)高程、水温有效位数判断。

e)附注内容应与表内资料情况相符、意义表述明确,文字简练、标点正确。

7.4.3　土壤墒情水文监测资料校验

C1土壤墒情测站一览表

检查内容:

年份、站次、测站编码、省(区、市)、地市、站名、监测位置、坐标、高程、土壤类型、土壤质地、开始监测时间、年内监测时间、附注一致性、空缺情况,测站站码是否重复。

来源:

该表资料自动同步上年一览表资料,如有修改采用本年修改后资料。

数据校验:

a)同一年内一览表测站编码重复性校验。

b)与上年一览表通过同站逐项一一比对站次、测站编码、省(区、市)、地市、站名、监测位置、坐标、高程、土壤类型、土壤质地、开始监测时间、年内监测时间、附注一致性、空缺情况,测站站码是否重复、附注内容是否一致、是否有空缺。

C2 土壤墒情摘录成果表

检查内容：

站名、年份、监测设备型号、日统计、月统计、年统计垂向平均土壤含水量等完整性、关联性、准确性、规范性。

来源：

站名、年份与土壤墒情测站一览表信息比对，监测设备型号与同站历年比较，数值来源于上传（推送）文档或处理后的数值。

数据校验：

a) 站名、年份、与土壤墒情测站一览表比对。

b) 日统计、月统计、年统计必须完整、不得空缺。

c) 日平均小于等于日最高或大于等于日最低，月平均、年平均计算值与上传值比对。月最大、最小值出现日期与该月日平均最大、最小及出现日期比对，年最高、最低值及其日期与月统计值应一致。1 月 1 日日值与上年 12 月 31 日日值比对。相邻日值比对。

d) 土壤含水量记至百分数一位小数（记至 0.1%）判断。

C3 土壤墒情特征值统计表

检查内容：

年份、站名、测站编码、站址、地理坐标、监测方式、最高日值、最低日值、年平均土壤含水量等完整性、关联性、准确性、规范性。

来源：

年份、站名、测站编码、站址、地理坐标、监测方式与土壤墒情测站一览表信息比对，最高日值、最低日值、年平均土壤含水量等数值来源于上传（推送）文档或处理后的数值。

数据校验：

a) 年份、站名、测站编码、站址、地理坐标、监测方式与土壤墒情测站一览表比对。

b) 项目对应值必须完整、不得空缺。

c) 年最高、最低土壤含水量值及其日期及年平均土壤含水量与同站摘录成果表应一致。年变幅合理性判断。1 月 1 日日值与上年 12 月 31 日日值比对。

d) 土壤含水量记至百分数一位小数（记至 0.1%）判断。

C4 土壤墒情监测成果表

检查内容：

站名、年份、测站编码、测次、监测时间、土壤重量含水量、地下水埋深、连续无雨日、时段降水量、时段蒸发量、灌溉时间、作物生长情况量、附注完整性、关联性、准确性、规范性。

来源：

年份、站名、测站编码、与土壤墒情测站一览表信息比对,测次、监测时间、土壤重量含水量、地下水埋深、连续无雨日、时段降水量、时段蒸发量、灌溉时间、作物生长情况量、附注等数值来源于上传(推送)文档或处理后的数值。

数据校验：

a)年份、站名、测站编码、站址、地理坐标、监测方式与土壤墒情测站一览表比对。

b)项目对应值必须完整、不得空缺。

c)测次按自然数顺序编排,监测时间应逐渐增大,垂向平均土壤重量含水量与上传值比对,地下水埋深、连续无雨日、时段降水量、时段蒸发量在合理范围内,灌溉时间、作物生长情况与规范相吻合。

d)土壤含水量记至百分数一位小数(记至 0.1%)判断。

C5 土壤墒情人工取土含水量成果表

检查内容：

站名、年份、监测设备型号、日统计、月统计、年统计垂向平均土壤含水量等完整性、关联性、准确性、规范性。

来源：

站名、年份与土壤墒情测站一览表信息比对,监测设备型号与同站历年比较,数值来源于上传(推送)文档或处理后的数值。

数据校验：

a)站名、年份、与土壤墒情测站一览表比对。

b)日统计、月统计、年统计必须完整、不得空缺。

c)日平均小于等于日最高或大于等于日最低,月平均、年平均计算值与上传值比对。月最大、最小值出现日期与该月日平均最大、最小及出现日期比对,年最高、最低值及其日期与月统计值应一致。1月1日日值与上年12月31日日值比对。相邻日值比对。

d)土壤含水量记至百分数一位小数(记至 0.1%)判断。

7.4.4　水质水文监测资料校验

D1 地表水水质站基本信息表

检查内容：

测站代码、测站名称、测站类别、测站等级、经度、纬度、站址、行政区划代码、管理单位、监测单位、监测频次、建站年月、撤站年月、备注、水域类型、流域名称、水系名称、河流名称、监测河段代表河长、代表面积、代表库容、水质目标、水文站名称、生态站标识、水源地站标识、水源地名称、受水地、边界站类型标识、监测时间描述、监测项目一致性、空缺情况,测站代码是否重复。

来源:

该表资料自动同步上年一览表资料,如有修改采用本年修改后资料。

数据校验:

a)同一年内一览表测代编码重复性校验。

b)与上年一览表通过同站逐项一一比对测站代码、测站名称、测站类别、测站等级、经度、纬度、站址、行政区划代码、管理单位、监测单位、监测频次、建站年月、撤站年月、备注、水域类型、流域名称、水系名称、河流名称、监测河段代表河长、代表面积、代表库容、水质目标、水文站名称、生态站标识、水源地站标识、水源地名称、受水地、边界站类型标识、监测时间描述、监测项目内容是否一致、是否有空缺。

D2 地表水水质月度成果表

检查内容:

年份、月份、测站编码、测站名称、监测单位、垂线编号、层面编号、监测时间、水温、pH、溶解氧、高锰酸盐指数、化学需氧量、五日生化需氧量、氨氮、总磷、总氮、铜、锌、氟化物、硒、砷、汞、镉、六价铬、铅、氰化物、挥发酚、石油类、阴离子表面活性剂、硫化物、粪大肠菌群、硫酸盐、氯化物、硝酸盐氮、铁、锰、气温、大气压、电导率、浊度、透明度、悬浮物、矿化度、总碱度、重碳酸盐、碳酸盐、溶解性总固体、风速、风向、亚硝酸盐氮、钙、镁、钾、钠、总硬度、总有机碳、叶绿素 a、浮游动物密度、浮游动物种类、浮游动物优势种、浮游植物多样性指数、浮游植物均匀性指数、浮游动物多样性指数、浮游动物均匀性指数、属(种)数、全湖属(种)数、水位、流量、蓝藻门细胞密度、隐藻门细胞密度、甲藻门细胞密度、金藻门细胞密度、黄藻门细胞密度、硅藻门细胞密度裸藻门细胞密度、绿藻门细胞密度、总细胞密度、藻类群落构成、藻类优势种群、浮游植物种类、浮游植物数量、桡足类、枝角类、轮虫、原生动物、铝、水质类别、超Ⅲ类项目及超标倍数等完整性、关联性、准确性、规范性。

来源:

测站编码、测站名称、监测单位与地表水水质站基本信息表比对,垂线编号、层面编号与临近月份比对。数值来源于上传(推送)文档或处理后的数值。

数据校验:

a)年份、月份测站编码、测站名称、监测单位与地表水水质站基本信息表比对,垂线编号、层面编号与临近月份比对。

b)监测项目必须完整、不得空缺。

c)监测时间、水温、pH、溶解氧、高锰酸盐指数、化学需氧量、五日生化需氧量、氨氮、总磷、总氮、铜、锌、氟化物、硒、砷、汞、镉、六价铬、铅、氰化物、挥发酚、石油类、阴离子表面活性剂、硫化物、粪大肠菌群、硫酸盐、氯化物、硝酸盐氮、铁、锰、气温、大气压、电导率、浊度、透明度、悬浮物、矿化度、总碱度、重碳酸盐、碳酸盐、溶解性总固体、风速、风向、亚硝酸盐氮、钙、镁、钾、钠、总硬度、总有机碳、叶绿素a、浮游动物密度、浮游动物种类、浮游动物优势种、浮游植物多样性指数、浮游植物均匀性指数、浮游动物多样性指数、浮游动物均匀性指数、属(种)数、全湖属(种)数、水位、流量、蓝藻门细胞密度、隐藻门细胞密度、甲藻门细胞密度、金藻门细胞密度、黄藻门细胞密度、硅藻门细胞密度裸藻门细胞密度、绿藻门细胞密度、总细胞密度、藻类群落构成、藻类优势种群、浮游植物种类、浮游植物数量、桡足类、枝角类、轮虫、原生动物、铝、水质类别、超Ⅲ类项目及超标倍数监测值与质量标准及临近月份比对。各监测值在在合理范围内。

d)监测项目有效位数判断。

e)附注内容应与表内资料情况相符、意义表述明确、文字简练、标点正确。

D3 地表水水质年度成果表

检查内容：

测站编码、测站名称、监测单位、水域类型、水质类别、流域名称、水系名称、河流名称、监测河段、超Ⅲ类项目及超标倍数、监测频次等完整性、关联性、准确性、规范性。

来源：

测站编码、测站名称、监测单位、水域类型、水质类别、流域名称、水系名称、河流名称、监测河段与地表水水质站基本信息表比对。数值来源于上传(推送)文档或处理后的数值。

数据校验：

a)测站编码、测站名称、监测单位、水域类型、水质类别、流域名称、水系名称、河流名称、监测河段与地表水水质站基本信息表比对。

b)超Ⅲ类项目及超标倍数、监测频次必须完整。

c)超Ⅲ类项目及超标倍数、监测频次与地表水水质月度成果吻合。各监测值在在合理范围内。

d)监测项目有效位数判断。

e)附注内容应与表内资料情况相符、意义表述明确、文字简练、标点正确。

D4 地下水水质站基本信息表

检查内容：

测站代码、测站名称、测站类别、测站等级、经度、纬度、站址、行政区划代码、水资源分区代码、管理单位、监测单位、监测频次、自动监测、建站年月、撤站年月、备注、测井类型、井深、测井代表面积、水质目标、地下水监测井名称、水源地站标识、水源地名称、受水地、是否考核、考核类型、考核级别、监测时间描述、常规监测项目个数、常规项目、非常规监测项目个数、非常规项目一致性、空缺情况,测站代码是否重复。

来源:

该表资料自动同步上年一览表资料,如有修改采用本年修改后资料。

数据校验:

a)同一年内一览表测代编码重复性校验。

b)与上年一览表通过同站逐项一一比对测站代码、测站名称、测站类别、测站等级、经度、纬度、站址、行政区划代码、水资源分区代码、管理单位、监测单位、监测频次、自动监测、建站年月、撤站年月、备注、测井类型、井深、测井代表面积、水质目标、地下水监测井名称、水源地站标识、水源地名称、受水地、是否考核、考核类型、考核级别、监测时间描述、常规监测项目个数、常规项目、非常规监测项目个数、非常规项目内容是否一致、是否有空缺。

D5地下水水质月度成果表

检查内容:

年份、月份、测站编码、测站名称、垂线编号、层面编号、监测时间、色度、臭、浊度、肉眼可见物、pH、总硬度、溶解性总固体、硫酸盐、氯化物、铁、锰、铜、锌、铝、挥发酚、阴离子表面活性剂、高锰酸盐指数、氨氮、硫化物、钠、总大肠菌群、细菌总数、亚硝酸盐氮、硝酸盐氮、氰化物、氟化物、碘化物、汞、砷、硒、镉、六价铬、铅、总α放射性、总β放射性、铍、硼、锑、钡、镍、钴、钼、银、铊、三氯甲烷、四氯化碳、苯、甲苯、二氯甲烷、1,2-二氯乙烷、1,1,1-三氯乙烷、1,1,2-三氯乙烷、1,2-二氯丙烷、三溴甲烷、氯乙烯、1,1-二氯乙烯、1,2-二氯乙烯、三氯乙烯、四氯乙烯、氯苯、邻二氯苯、1,2-二氯苯、对二氯苯、1,4-二氯苯、三氯苯、1,2,3-三氯苯、1,2,4-三氯苯、1,3,5-三氯苯、乙苯、二甲苯、苯乙烯、2,4-二硝基甲苯、2,6-二硝基甲苯、萘、蒽、荧蒽、苯并(b)荧蒽、苯并(a)芘、多氯联苯、邻苯二甲酸二酯、邻苯二甲酸二甲酯、五氯酚、六六六、Y-六六六(林丹)、滴滴涕、六氯苯、七氯、2,4-滴克百威(呋喃丹)、涕灭威、敌敌畏、甲基对硫磷、马拉硫磷、乐果、毒死蜱、百菌清、莠去津(阿特拉津)、草甘膦、邻苯二甲酸二丁脂、邻苯二甲酸二辛脂、2,4,6-三氯酚等完整性、关联性、准确性、规范性。

来源:

测站编码、测站名称、垂线编号、层面编号与临近月份比对。数值来源于上传(推送)文档或处理后的数值。

数据校验:

a)年份、月份、测站编码、测站名称与地下水水质站基本信息表比对,垂线编号、层面编号与临近月份比对。

b)监测项目必须完整、不得空缺。

c)监测时间、水温、pH、溶解氧、高锰酸盐指数、化学需氧量、五日生化需氧量、氨氮、总磷、总氮、铜、锌、氟化物、硒、砷、汞、镉、六价铬、铅、氰化物、挥发酚、石油类、阴离子表面活性剂、硫化物、粪大肠菌群、硫酸盐、氯化物、硝酸盐氮、铁、锰、气温、大气压、电导率、浊度、透明度、悬浮物、矿化度、总碱度、重碳酸盐、碳酸盐、溶解性总固体、风速、风向、亚硝酸盐氮、钙、镁、钾、钠、总硬度、总有机碳、叶绿素a、浮游动物密度、浮游动物种类、浮游动物优势种、浮游植物多样性指数、浮游植物均匀性指数、浮游动物多样性指数、浮游动物均匀性指数、属(种)数、全湖属(种)数、水位、流量、蓝藻门细胞密度、隐藻门细胞密度、甲藻门细胞密度、金藻门细胞密度、黄藻门细胞密度、硅藻门细胞密度裸藻门细胞密度、绿藻门细胞密度、总细胞密度、藻类群落构成、藻类优势种群、浮游植物种类、浮游植物数量、桡足类、枝角类、轮虫、原生动物、铝、水质类别、超Ⅲ类项目及超标倍数监测值与质量标准及临近月份比对。各监测值在在合理范围内。

d)监测项目有效位数判断。

e)附注内容应与表内资料情况相符、意义表述明确,文字简练、标点正确。

D6 地下水水质年度成果表

检查内容:

测站编码、测站名称、监测单位、水域类型、水质类别、流域名称、水系名称、河流名称、监测河段、超Ⅲ类项目及超标倍数、监测频次等完整性、关联性、准确性、规范性。

来源:

测站编码、测站名称、监测单位、水域类型、水质类别、流域名称、水系名称、河流名称、监测河段与地表水水质站基本信息表比对。数值来源于上传(推送)文档或处理后的数值。

数据校验:

a)测站编码、测站名称、监测单位、水域类型、水质类别、流域名称、水系名称、河流名称、监测河段与地表水水质站基本信息表比对。

b)超Ⅲ类项目及超标倍数、监测频次必须完整。

c)超Ⅲ类项目及超标倍数、监测频次与地表水水质月度成果吻合。各监测值在在合理范围内。

d)监测项目有效位数判断。

e)附注内容应与表内资料情况相符、意义表述明确,文字简练、标点正确。

D7水生生物浮游植物定量分析记录表

检查内容：

年份、月份、测站编码、测站名称、测定项目、测定方法、序号、样品编号、采样体积、定容体积、计数体积、细胞密度、浮游植物多样性指数、浮游植物均匀性指数等完整性、关联性、准确性、规范性。

来源：

测站编码、测站名称与地表水水质站基本信息表比对。数值来源于上传（推送）文档或处理后的数值。

数据校验：

a)年份、月份、测站编码、测站名称与地表水水质站基本信息表比对。

b)监测项目数值必须完整。

c)测定项目、测定方法、采样体积、定容体积、计数体积与临近月份比较。蓝藻门、绿藻门、硅藻门、隐藻门、裸藻门、黄藻门、甲藻门、金藻门之和等于总细胞、浮游植物多样性指数、浮游植物均匀性指数计算准确。各监测值在在合理范围内。

d)监测项目有效位数判断。

e)附注内容应与表内资料情况相符、意义表述明确,文字简练、标点正确。

D8水生生物浮游植物定量分析记录表

检查内容：

年份、月份、测站编码、测站名称、测定项目、测定方法、检测依据、序号、样品编号、采样时间浮游植物群落结构、常见种群/优势种群等完整性、关联性、准确性、规范性。

来源：

测站编码、测站名称与地表水水质站基本信息表比对。数值来源于上传（推送）文档或处理后的数值。

数据校验：

a)年份、月份、测站编码、测站名称与地表水水质站基本信息表比对。

b)监测项目数值必须完整。

c)测定项目、测定方法、检测依据与临近月份比较,采样时间合理,浮游植物群落结构,常见种群/优势种群各监测值在在合理范围内。

d)监测项目有效位数判断。

e)附注内容应与表内资料情况相符、意义表述明确,文字简练、标点正确。

D9水生生物浮游动物定量分析记录表

检查内容：

年份、月份、测站编码、测站名称、测定项目、测定方法、序号、样品编号、丰度、浮游动物多样性指数、浮游动物均匀性指数等完整性、关联性、准确性、规范性。

来源：

测站编码、测站名称与地表水水质站基本信息表比对。数值来源于上传（推送）文档或处理后的数值。

数据校验：

a）年份、月份、测站编码、测站名称与地表水水质站基本信息表比对。

b）监测项目数值必须完整。

c）测定项目、测定方法、与临近月份比较。原生动物、轮虫、枝角类、桡足类之和等于总丰度、浮游动物多样性指数、浮游动物均匀性指数计算准确。各监测值在在合理范围内。

d）监测项目有效位数判断。

附注内容应与表内资料情况相符、意义表述明确，文字简练、标点正确。

D10水生生物浮游动物定量分析记录表

检查内容：

测站编码、测站名称、测定项目、测定方法、检测依据、序号、样品编号、采样时间、浮游动物群落结构、浮游动物优势种群等完整性、关联性、准确性、规范性。

来源：

测站编码、测站名称与地表水水质站基本信息表比对。数值来源于上传（推送）文档或处理后的数值。

数据校验：

a）年份、月份、测站编码、测站名称与地表水水质站基本信息表比对。

b）监测项目数值必须完整。

c）测定项目、测定方法、检测依据与临近月份比较，采样时间合理，浮游动物群落结构，浮游动物优势种群各监测值在在合理范围内。

d）监测项目有效位数判断。

e）附注内容应与表内资料情况相符、意义表述明确，文字简练、标点正确。

D11水生生物底栖生物分析记录表

检查内容：

年份、月份、测站编码、测站名称、测定方法、仪器名称/编号、采样日期、采样面积、序号、种类名称、个体数（个）、生物密度、总重量、生物量等完整性、关联性、准确性、规范性。

来源：

测站编码、测站名称与地表水水质站基本信息表比对。数值来源于上传(推送)文档或处理后的数值。

数据校验:

a)年份、月份、测站编码、测站名称与地表水水质站基本信息表比对。

b)监测项目数值必须完整。

c)测定方法、仪器名称/编号与临近月份比较,种类名称、个体数(个)、生物密度、总重量、生物量所计算的总生物密度、总重量合计、总生物量与上传值一致。各监测值在在合理范围内。

d)监测项目有效位数判断。

e)附注内容应与表内资料情况相符、意义表述明确,文字简练、标点正确。

7.4.5 取用水水文监测资料校验

E1 取用水量监测站一览表

取水户名称、站名、测站编码、所在州(市)、所在县(市、区)、地点、水系、河名、坐标、取水许可证编码、取水许可监管单位一致性、空缺情况,测站站码是否重复。

来源:

该表资料自动同步上年一览表资料,如有修改采用本年修改后资料。

数据校验:

a)同一年内一览表测站编码重复性校验。

b)与上年一览表通过同站逐项一一比对取水户名称、站名、测站编码、所在州(市)、所在县(市、区)、地点、水系、河名、坐标、取水许可证编码、取水许可监管单位是否一致、是否有空缺。

E2 取水户取用水量统计表

检查内容:

州、县、测站编码、季度、年统计、季度统计等完整性、准确性。

来源:

州、县、测站编码与取用水量监测站一览表比对,数值来源于上传(推送)文档或处理后的数值。

数据校验:

a)州、县、测站编码与取用水量监测站一览表比对。

b)测站编码、季度值必须完整、不得空缺。

c)同一站年统计与上传值一致。不同站合计值与上传值一致。相邻季度值比对。

d)有效位数判断。

e)附注内容应与表内资料情况相符、意义表述明确,文字简练、标点正确。

7.4.6　水文调查资料校验

F1水文调查资料

检查内容：

年份、月份、测站编码、测站名称、调查值等完整性、关联性、准确性、规范性。

来源：

测站编码、测站名称与基本信息表比对。数值来源于上传（推送）文档或处理后的数值。

数据校验：

a)年份、月份、测站编码、测站名称与基本信息表比对。

b)判断调查值合理性。

7.4.7　汇交标准数据文件清单校验

检查内容：

自动生成的各表相数量与上传数量一致性。

第五节　水文监测资料汇交处理

水文监测资料汇交资料经过校验后,会有部分站点的一些项目所对应的成果表不能满足汇交质量要求,水文监测资料汇交处理主要针对测站变动、整编计算方法错误、精度取舍及表面矛盾等方面进行处理,对于测验错误以及不能处理的汇交成果,原则上退回汇交单位重新整编。

7.5.1　地表水水文监测资料处理

A1水位、水文站一览表信息表

站名变动处理

站名处理:基本水尺断面迁移时,迁移距离较近且新旧断面水位差很小,可作同一断面资料进行整编,站名不变;当迁移的距离较远,区间集水面积或水、沙量增减很少,原断面的站名不变,新断面的站名之后用括号注明断面序号。量化标准为:山区性河流,消除观测误差后,水位系统差不超过3cm的,站名应不变;偏差4—10cm的,站名应加序号;偏差超过10cm的,站名应变更;上下游站距小、落差小的,应从严一倍河床坡降显著的,应根据资料系列一致性的变化情况处理。

设立日期:基本水尺断面迁移,站名不变,只改站名后序号的站,仍填写原设立年、月;站名变更,填写新站开始观测水位的年、月。

领导机关:领导机关或领导机关名称有变动时,填当年最后一个领导机关或领导机关的名称。

高差变动处理

如果因水准网复测、平差或变换绝对基面,使引据水准点高程数值变动时,则本站水准点的绝对高程和冻结基面与绝对基面间的高差作相应的改变,而水准点用冻结基面表示的高程仍保持不变。

查清各水准点本身有无因自然或人为因素影响,使高程数值发生变动。如果某水准点发生上升或下沉变动时,则其用冻结基面和绝对基面表示的高程均作相应的改变。考证时,根据水准点校测记录,分析判明变动的原因与时间,以确定各个时期的正确高程数值。

领导机关或领导机关名称有变动时,填当年最后一个领导机关或领导机关的名称。

A2 降水量、水面蒸发量站一览表

站名变动处理

地形、局部气象条件有明显差异的,站名应变更。山丘区迁移距离大于5km、平原区大于迁移距离10km的,应变更站名。迁移距离较近,地形、局部气象条件无明显差异的,站名可不变更。

A3 逐日平均水位表

月平均、年平均、各种保证率水位计算值与上传值不一致时,查明是计算错误还是日值有问题。日值错误需由汇交单位处理。

最大、最小值出现日期与该月日值最大、最小出现日期比对主要判断合理性,该判断为合理性判断。

年最高、最低值及其日期与月统计值应一致,不一致时,查明是计算错误还是月统计有问题。月统计错误需由汇交单位处理。

1月1日日值与上年12月31日日值比对。相邻日值比对。这两个判断为合理性判断,对人工判断为有问题的数值由汇交单位处理。

A4 洪水水位摘录表

摘录始终期间每日最少有两组摘录值目的检查摘录完整性。

采用摘录值所计算的日平均水位与同日日平均水位应小于2cm这各校验与逐日平均水位表时相互印证,由于摘录要素多数是做了压缩处理,这个判断做合理性判断使用,对人工判断为有问题的数值由汇交单位处理。当逐日平均日表所挑选的最大最小值若处于该摘录时段,必须一致。不一致时,须查明是原因。统计错误需由汇交单位处理。

A5 实测流量成果表

施测号数应顺序编号不得间断;实测开始数据不得大于结束时间,时间间距不大于2

小时,比降法时只能有开始时间;断面位置只能为"基""基上(下)××m"、"闸上(下)××m"、"坝上(下)××m"。水面宽随水位增高逐渐增大,相同水位对应水面宽基本一致,这些都属于表面矛盾,根据提示按实际处理。

表内平均流速、平均水深关系计算为逻辑判断,必须一致。不一致时,须查明是原因。统计错误需由汇交单位处理。

A6 实测大断面成果表

施测日期合理、断面名称正确、测时水位应有对应的两个起点距、垂线号线开始为左(右)岸、结束为右(左)岸、起点距逐次相等(不超过3组)这些属于硬性规定,需严格执行。对由提示的断面必须处理。

起点距增大时相邻河底高程差值合理。相邻日期断面同一起点距河底高程差合理。这个判断属于合理性判断,对人工判断为有问题的数值由汇交单位处理。

A7 逐日平均流量表

月平均、年平均、径流量、径流模数、径流深度计算值与上传值比对。这个属于逻辑判断,必须一致。数值错误时须由汇交单位处理。

最大、最小值出现日期与该月日值最大、最小出现日期比对。这个属于合理性判断,对人工判断为有问题的数值由汇交单位处理。

年最高、最低值及其日期与月统计值应一致。这个属于逻辑判断,必须一致。数值错误时须由汇交单位处理。

相邻日值比对。这个属于合理性判断,对人工判断为有问题的数值由汇交单位处理。

A8 来(蓄)水量月年统计表

利用公式 $WI = \Delta V - W_r + W_c + W + W_s + W_E$ 计算水库集水区来水总量与上传值比对。这个属于逻辑判断,必须一致。数值错误时须由汇交单位处理。

A9 洪水水文要素摘录表

采用摘录值所计算的日平均水位与同日日平均水位应小于2cm,流量、含沙量与日值接近。相邻水位、流量变化合理。这些属于合理性判断,对人工判断为有问题的数值由汇交单位处理。

A10 水库水文要素摘录表

采用摘录值所计算的日平均水位与同日日平均水位应小于2cm,水位变化与蓄水量、出库流量变化相吻合。这些属于合理性判断,对人工判断为有问题的数值由汇交单位处理。

A11 实测悬移质输沙率成果表

输沙率号数应连续;施测时间与实测流量成果表相应施测号数流量施测时间、流量应一致,这个是逻辑判断。数值错误时须由汇交单位处理。

断面输沙率/流量值与上传的断面平均含沙量比较,这个是逻辑判断。数值错误时须由汇交单位处理。

平均含沙量与单样含沙量应相近。这个时合理性判断,对人工判断为有问题的数值由汇交单位处理。

断面平均含沙量测验方法应用三组文字和数字表示,并应符合下列要求,单样含沙量测验方法填写实测输沙率时相应单沙的测验方法。这个时逻辑判断。错误时须由汇交单位处理。

A12 逐日平均悬移质输沙率表

月平均、年平均计算值与上传值比对。属于逻辑判断。

最大、最小值出现日期与该月最大、最小出现日期比对。属于合理性判断,对人工判断为有问题的数值由汇交单位处理。

年最高、最低值及其日期与月统计值应一致。属于逻辑判断,数值错误时须由汇交单位处理。

最大日平均输沙率、输沙量、输沙模数计算值与上传值比对。属于逻辑判断,数值错误时须由汇交单位处理。

1月1日日值与上年12月31日日值比对。相邻日值比对。属于合理性判断,对人工判断为有问题的数值由汇交单位处理。

A13 逐日平均含沙量表

日平均、月平均、年平均输沙率均以逐日平均悬移质输沙率表除以对应的逐日日平均流量表值所得值与上传值比对;流量为0时若水位为河干则对应值为河干。平均流量、平均输沙率与逐日平均悬移质输沙率表、逐日日平均流量表对应值比对。这些均为逻辑判断。数值错误时须由汇交单位处理。

最大、最小值出现日期与该月日值最大、最小出现日期比对。这些为合理性判断,对人工判断为有问题的数值由汇交单位处理。

年最高、最低值及其日期与月统计值应一致。这些均为逻辑判断。数值错误时须由汇交单位处理。

1月1日日值与上年12月31日日值比对。相邻日值比对。这些为合理性判断,对人工判断为有问题的数值由汇交单位处理。

A14 洪水含沙量摘录表

摘录时段内的完整月最大、最小值与逐日平均含沙量表月最大、最小应一致,属于逻辑判断,数值错误时须由汇交单位处理。

相邻单沙变化合理。利用相邻值计算差值判断。这些为合理性判断,对人工判断为有问题的数值由汇交单位处理。

A15 逐日水温表

水温值不得为负数。与逐日水温比对,河干时填写河干;部分河干时,8时河干者记"河干",8时有水者记观测值。全月资料完整或各旬有水温资料不少于8天时,以月总数除以实际观测天数作为月平均值,不加括号。月最高、最低水温及日期在全月观测值中挑选,若最高、最低水温出现在20时,应在附注中说明。全月资料不全时,最高、最低水温及日期宜加括号。全月河干,平均填写"河干",最大及日期填写"河干"及"1",最小及日期填写"河干"及"1"。一月部分时间河干,其余时间有水,各旬有水天数少于8天者,平均填写"部分河干",最高、最低及日期在有记录期间挑选。最高、最低值出现日期与该月日值最高、最低出现日期比对,年最高、最低值及其日期与月统计值应一致。属于逻辑判断,数值错误时须由汇交单位处理。

1月1日日值与上年12月31日日值比对。相邻日值比对。这些为合理性判断,对人工判断为有问题的数值由汇交单位处理。

A16 逐日气温表

月平均、年平均计算值与上传值比对。属于逻辑判断,数值错误时须由汇交单位处理。

最大、最小值出现日期与该月日值最大、最小出现日期比对。这些为合理性判断,对人工判断为有问题的数值由汇交单位处理。

年最高、最低值及其日期与月统计值应一致。属于逻辑判断,数值错误时须由汇交单位处理。

1月1日日值与上年12月31日日值比对。相邻日值比对。这些为合理性判断,对人工判断为有问题的数值由汇交单位处理。

A17 逐日降水量表

月总数、月降水日数、年总数、年降水日数计算值与上传值比对。全月未降水时月降水量填写"0";全月无降水日者,记"0"。属于逻辑判断,数值错误时须由汇交单位处理。

月最大、最小值及出现日期与该月日值最大、最小出现日期比对。属于逻辑判断,数值错误时须由汇交单位处理。

年最高、最低值及其日期与月统计值应一致。属于逻辑判断,数值错误时须由汇交单位处理。

年最大1日降水量及连续3、7、15、30日统计值与上传值一致。属于逻辑判断,数值错误时须由汇交单位处理。

A18 降水量摘录表

采用摘录值所计算的日降水量与同日日降水量应一致,摘录时段不能跨越分界时间2、8、14、20,相邻时段的降水强度等于或小于2.5mm/h合并处理判断。属于逻辑判断,数值错误时须由汇交单位处理。

A19 各时段最大降水量表(1)

采用10、20、30、45、1×60、1.5×60、2×60、3×60、4×60、6×60、9×60、12×60、24×60所对应相邻量大小判断,应逐渐增大或相等;各时段量除以时段长的变率相邻值应逐渐减小。这些为合理性判断,对人工判断为有问题的数值由汇交单位处理。

1×60min对应值应大于等于单个摘录值,24×60min对应值应大于等于全年最大日值。属于逻辑判断,数值错误时须由汇交单位处理。

A20 各时段最大降水量表(2)

采用1、2、3、6、12、24h所对应相邻量大小判断,应逐渐增大或相等;各时段量除以时段长的变率相邻值应逐渐减小。这些为合理性判断,对人工判断为有问题的数值由汇交单位处理。

1h对应值应等于单个摘录值,24h对应值应大于等于全年最大日值。属于逻辑判断,数值错误时须由汇交单位处理。

A21 逐日水面蒸发量表

水面蒸发量为负值,则一律记为"0.0+"。不论是逐日观测或数日测记一次水面蒸发总量,均在观测值右侧加注结冰符号"B",未观测日栏内填写结冰及合并符号"B↓"。月、年水面蒸发量计算值与上传值比对。月最大、最小日水面蒸发量从本月各日数值中挑选与上传值比对,年最高、最低值及其日期与月统计值应一致。属于逻辑判断,数值错误时须由汇交单位处理。

相邻日值比对。这些为合理性判断,对人工判断为有问题的数值由汇交单位处理。

7.5.2 地下水水文监测资料处理

B1 地下水监测站基本情况考证成果一览表

与上年一览表通过同站逐项一一比对州市、序号、站名、类别、测站编码、位置、东经、北纬、起始监测日期、监测井类型、地下水类型、产生自流、井深、高程、监测项目、附注内容一致性。对不一致的内容人工进一步检查、判断为有问题的数值由汇交单位处理。

B2 地下水水位逐日监测成果表

月平均、年平均、年变幅、年末差计算值与上传值比对。属于逻辑判断,数值错误时须由汇交单位处理。

月最大、最小值出现日期与该月日值最大、最小及出现日期比对。属于逻辑判断,数值错误时须由汇交单位处理。

年最高、最低值及其日期与月统计值应一致。属于逻辑判断,数值错误时须由汇交单位处理。

1月1日日值与上年12月31日日值比对。相邻日值比对。这些为合理性判断,对人工判断为有问题的数值由汇交单位处理。

B3　地下水水位年特征值统计表

年平均水位、年最高、最低水位值及其日期与同站地下水水位逐日监测成果表应一致。年变幅计算值与上传值一致。上年年末水位减去本年年末水位差值与上传值一致。属于逻辑判断,数值错误时须由汇交单位处理。若未上传该表,由系统根据地下水水位逐日监测成果表自动生成。

1月1日日值与上年12月31日日值比对。年变幅与年末差比值合理。这些为合理性判断,对人工判断为有问题的数值由汇交单位处理。

B4　地下水埋深逐日监测成果表

月平均、年平均、年变幅、年末差计算值与上传值比对。属于逻辑判断,数值错误时须由汇交单位处理。

月最大、最小值出现日期与该月日值最大、最小及出现日期比对。属于逻辑判断,数值错误时须由汇交单位处理。

年最高、最低值及其日期与月统计值应一致。属于逻辑判断,数值错误时须由汇交单位处理。

1月1日日值与上年12月31日日值比对。相邻日值比对。这些为合理性判断,对人工判断为有问题的数值由汇交单位处理。

B5　地下水埋深年特征值统计表

年平均埋深、年最高、最低埋深值及其日期与同站地下水埋深逐日监测成果表应一致。年变幅计算值与上传值一致。上年年末埋深减去本年年末埋深差值与上传值一致。属于逻辑判断,数值错误时须由汇交单位处理。若未上传该表,由系统根据地下水埋深逐日监测成果表自动生成。

1月1日日值与上年12月31日日值比对。年变幅与年末差比值合理。这些为合理性判断,对人工判断为有问题的数值由汇交单位处理。

B6　地下水水温逐日监测成果表

月平均、年平均、年变幅、年末差计算值与上传值比对。月最高、最低值出现日期与该月日值最大、最小及出现日期比对,年最高、最低值及其日期与月统计值应一致。属于逻辑判断,数值错误时须由汇交单位处理。

1月1日日值与上年12月31日日值比对。相邻日值比对。这些为合理性判断,对人工判断为有问题的数值由汇交单位处理。

B7 地下水水温特征值统计表

年平均水温、年最高、最低水温值及其日期与同站地下水水温逐日监测成果表应一致。年变幅计算值与上传值一致。上年年末水温减去本年年末水温差值与上传值一致。属于逻辑判断,数值错误时须由汇交单位处理。若未上传该表,由系统根据地下水埋深逐日监测成果表自动生成。

1月1日日值与上年12月31日日值比对。年变幅与年末差比值合理。对人工判断为有问题的数值由汇交单位处理。

7.5.3 土壤墒情水文监测资料处理

C1 一览表处理

测站变动处理:

观测地点有迁移时,如迁移距离较近且土壤质地相同,作为同一站点资料进行整编,站名不变。如迁移的距离较远(大于20km),但迁移前后的气象、地形、土壤质地、下垫面条件等基本一致,则两处观测资料可站名不变;如迁移前后的气象、地形、土壤质地等相差较大,则应更改站名并分别整编。

C2 土壤墒情摘录成果表

日平均小于等于日最高或大于等于日最低,月平均、年平均计算值与上传值比对。月最大、最小值出现日期与该月日平均最大、最小及出现日期比对,年最高、最低值及其日期与月统计值应一致。属于逻辑判断,数值错误时须由汇交单位处理。

1月1日日值与上年12月31日日值比对。相邻日值比对。这些为合理性判断,对人工判断为有问题的数值由汇交单位处理。

C3 土壤墒情特征值统计表

年最高、最低土壤含水量值及其日期及年平均土壤含水量与同站摘录成果表应一致。属于逻辑判断,数值错误时须由汇交单位处理。若未上传该表,由系统根据地下水埋深逐日监测成果表自动生成。

年变幅合理性判断。1月1日日值与上年12月31日日值比对。这些为合理性判断,对人工判断为有问题的数值由汇交单位处理。

C4 土壤墒情监测成果表

测次按自然数顺序编排,监测时间应逐渐增大,垂向平均土壤重量含水量与上传值比对。属于逻辑判断,数值错误时须由汇交单位处理。

地下水埋深、连续无雨日、时段降水量、时段蒸发量在合理范围内。这些为合理性判断,对人工判断为有问题的数值由汇交单位处理。

灌溉时间、作物生长情况与规范相吻合。属于逻辑判断,数值错误时须由汇交单位处理。

C5 土壤墒情人工取土含水量成果表

日平均小于等于日最高或大于等于日最低,月平均、年平均计算值与上传值比对。属于逻辑判断,数值错误时须由汇交单位处理。

月最大、最小值出现日期与该月日平均最大、最小及出现日期比对。属于逻辑判断,数值错误时须由汇交单位处理。

年最高、最低值及其日期与月统计值应一致。属于逻辑判断,数值错误时须由汇交单位处理。

1月1日日值与上年12月31日日值比对。相邻日值比对。这些为合理性判断,对人工判断为有问题的数值由汇交单位处理。

7.5.4 水质水文监测资料处理

D1 地表水水质站基本信息表

与上年一览表通过同站逐项一一比对测站代码、测站名称、测站类别、测站等级、经度、纬度、站址、行政区划代码、管理单位、监测单位、监测频次、建站年月、撤站年月、备注、水域类型、流域名称、水系名称、河流名称、监测河段代表河长、代表面积、代表库容、水质目标、水文站名称、生态站标识、水源地站标识、水源地名称、受水地、边界站类型标识、监测时间描述、监测项目内容是否一致、是否有空缺。属于逻辑判断,数值错误时须由汇交单位处理。

D2 地表水水质月度成果表

监测时间、水温、pH、溶解氧、高锰酸盐指数、化学需氧量、五日生化需氧量、氨氮、总磷、总氮、铜、锌、氟化物、硒、砷、汞、镉、六价铬、铅、氰化物、挥发酚、石油类、阴离子表面活性剂、硫化物、粪大肠菌群、硫酸盐、氯化物、硝酸盐氮、铁、锰、气温、大气压、电导率、浊度、透明度、悬浮物、矿化度、总碱度、重碳酸盐、碳酸盐、溶解性总固体、风速、风向、亚硝酸盐氮、钙、镁、钾、钠、总硬度、总有机碳、叶绿素a、浮游动物密度、浮游动物种类、浮游动物优势种、浮游植物多样性指数、浮游植物均匀性指数、浮游动物多样性指数、浮游动物均匀性指数、属(种)数、全湖属(种)数、水位、流量、蓝藻门细胞密度、隐藻门细胞密度、甲藻门细胞密度、金藻门细胞密度、黄藻门细胞密度、硅藻门细胞密度裸藻门细胞密度、绿藻门细胞密度、总细胞密度、藻类群落构成、藻类优势种群、浮游植物种类、浮游植物数量、桡足类、枝角类、轮虫、原生动物、铝、水质类别、超Ⅲ类项目及超标倍数监测值与质量标准及临近月份比对。这些为合理性判断,对人工判断为有问题的数值由汇交单位处理。

D3 地表水水质年度成果表

超Ⅲ类项目及超标倍数、监测频次与地表水水质月度成果吻合。属于逻辑判断,数值错误时须由汇交单位处理。

各监测值在在合理范围内。这些为合理性判断,对人工判断为有问题的数值由汇交单位处理。

D4 地下水水质站基本信息表

与上年一览表通过同站逐项一一比对测站代码、测站名称、测站类别、测站等级、经度、纬度、站址、行政区划代码、水资源分区代码、管理单位、监测单位、监测频次、自动监测、建站年月、撤站年月、备注、测井类型、井深、测井代表面积、水质目标、地下水监测井名称、水源地站标识、水源地名称、受水地、是否考核、考核类型、考核级别、监测时间描述、常规监测项目个数、常规项目、非常规监测项目个数、非常规项目内容是否一致、是否有空缺。属于逻辑判断,数值错误时须由汇交单位处理。

D5 地下水水质月度成果表

监测时间、水温、pH、溶解氧、高锰酸盐指数、化学需氧量、五日生化需氧量、氨氮、总磷、总氮、铜、锌、氟化物、硒、砷、汞、镉、六价铬、铅、氰化物、挥发酚、石油类、阴离子表面活性剂、硫化物、粪大肠菌群、硫酸盐、氯化物、硝酸盐氮、铁、锰、气温、大气压、电导率、浊度、透明度、悬浮物、矿化度、总碱度、重碳酸盐、碳酸盐、溶解性总固体、风速、风向、亚硝酸盐氮、钙、镁、钾、钠、总硬度、总有机碳、叶绿素 a、浮游动物密度、浮游动物种类、浮游动物优势种、浮游植物多样性指数、浮游植物均匀性指数、浮游动物多样性指数、浮游动物均匀性指数、属(种)数、全湖属(种)数、水位、流量、蓝藻门细胞密度、隐藻门细胞密度、甲藻门细胞密度、金藻门细胞密度、黄藻门细胞密度、硅藻门细胞密度裸藻门细胞密度、绿藻门细胞密度、总细胞密度、藻类群落构成、藻类优势种群、浮游植物种类、浮游植物数量、桡足类、枝角类、轮虫、原生动物、铝、水质类别、超Ⅲ类项目及超标倍数监测值与质量标准及临近月份比对。这些为合理性判断,对人工判断为有问题的数值由汇交单位处理。

D6 地下水水质年度成果表

超Ⅲ类项目及超标倍数、监测频次与地表水水质月度成果吻合。属于逻辑判断,数值错误时须由汇交单位处理。

各监测值在在合理范围内。这些为合理性判断,对人工判断为有问题的数值由汇交单位处理。

D7 水生生物浮游植物定量分析记录表

测定项目、测定方法、采样体积、定容体积、计数体积与临近月份比较。这些为合理性判断,对人工判断为有问题的数值由汇交单位处理。

蓝藻门、绿藻门、硅藻门、隐藻门、裸藻门、黄藻门、甲藻门、金藻门之和等于总细胞、浮游植物多样性指数、浮游植物均匀性指数计算准确。属于逻辑判断,数值错误时须由汇交单位处理。

各监测值在在合理范围内。这些为合理性判断,对人工判断为有问题的数值由汇交单位处理。

D8 水生生物浮游植物定性分析记录表

测定项目、测定方法、检测依据与临近月份比较,采样时间合理,浮游植物群落结构,常见种群/优势种群各监测值在在合理范围内。这些为合理性判断,对人工判断为有问题的数值由汇交单位处理。

D9 水生生物浮游动物定量分析记录表

定项目、测定方法、与临近月份比较。这些为合理性判断,对人工判断为有问题的数值由汇交单位处理。

原生动物、轮虫、枝角类、桡足类之和等于总丰度、浮游动物多样性指数、浮游动物均匀性指数计算准确。属于逻辑判断,数值错误时须由汇交单位处理。

各监测值在在合理范围内。这些为合理性判断,对人工判断为有问题的数值由汇交单位处理。

D10 水生生物浮游动物定性分析记录表

测定项目、测定方法、检测依据与临近月份比较。

采用时间合理,浮游动物群落结构,浮游动物优势种群各监测值在在合理范围内。这些为合理性判断,对人工判断为有问题的数值由汇交单位处理。

D11 水生生物底栖生物分析记录表

测定方法、仪器名称/编号与临近月份比较。属于逻辑判断,数值错误时须由汇交单位处理。

种类名称、个体数(个)、生物密度、总重量、生物量所计算的总生物密度、总重量合计、总生物量与上传值一致。各监测值在在合理范围内。这些为合理性判断,对人工判断为有问题的数值由汇交单位处理。

7.5.5 取用水水文监测资料处理

E1 取用水量监测站一览表

与上年一览表通过同站逐项一一比对取水户名称、站名、测站编码、所在州(市)、所在县(市、区)、地点、水系、河名、坐标、取水许可证编码、取水许可监管单位进行比对,复核站点增加、减少情况。

E2 取水户取用水量统计表

同一站年统计与上传值一致。不同站合计值与上传值一致。属于逻辑判断,数值错误时须由汇交单位处理。

相邻季度值比对。这些为合理性判断,对人工判断为有问题的数值由汇交单位处理。

7.5.6 水文调查资料处理

F1水文调查资料

水文调查摘录需要处理的情况是数字录入错误,当计算机辅助判断超出合理范围时及时跟调查单位核对,也可通过说明资料相互印证判断的准确性。

F2水文监测资料特殊说明

水文调查资料特殊说明资料用电子文档文本文件或图片等着重检查说明是否清晰合理,文当是否完整,图片是否齐全。

7.5.7 汇交标准数据文件清单异常处理

当系统形成的"汇交标准数据文件清单"与实际不相符时,及时查明原因,若属于上传问题需及时跟汇交单位联系处理。

第六节 汇交成果合理性分析

水文监测资料汇交资料经过单站的校验及处理,从形式上已经满足入库要求,但我们汇交资料的不仅要求资料完整,表面无矛盾,还要求所监测的资料合理。所谓合理就是所收集的资料从时空上看:能在各种容许误差条件下,所收集的资料在跟接近真实反映客观实际。

7.6.1 地表水监测资料汇交成果合理性分析

地表水监测资料汇交成果合理性分析包括单站关联项目、相邻上下游站对照的及流域范围分布等合理性分析。

7.6.1.1 单站合理性分析

以站为单元,绘制逐日水位、流量、输沙率、含沙量、水温、气温过程线,分析各要素资料的合理性。

以站为单元,绘制逐日降水量、蒸发量柱状图,分析各要素资料的合理性。

7.6.1.2 上下游站合理性分析

(1)水位资料的合理性分析

绘制上下游逐日水位过程线进行对照。判断上下游各站水位变化过程相似性,若相似时进一步对同时段各站水位变化趋势判断合理性。若发现水位变化过程不相应,应分析原因。

(2)流量资料的合理性分析

a)编制洪水总量对照表,通过各站洪水总量对照表配合判断合理性:洪水沿河长演进;洪峰流量沿河长变化及其发生时间应相应合理;洪水总量应平衡,来水量与河槽蓄水增量之差与出水量应大致相等。

b)上、下游逐日平均流量过程线对照:检查上、下游站流量变化的相应性。

c)月年平均流量对照表检查:将上、下游和干支流各站(包括引入、引出控制站)月年平均流量汇列在一起,用水量平衡方法检查沿河水量变化的合理性。

d)流量随集水面积演变图检查:除大量引用水外,流量随集水面积演变应为逐渐增长趋势。

e)水库水量平衡检查:凡设有进、出库站,且进库站控制的面积占水库集水面积绝大部分的水库,可用水库水量平衡表进行检查。检查可采用计算平衡差额法:用来水量减掉去水量再减水库容积变量所得之差值。平衡差额是由渗漏、蒸发、库岸调节和测验误差、推算误差等造成;若平衡差额数量较大或有其他反常现象时,应深入分析原因。

f)月年最大、最小流量对照表检查:从上游至下游(若有大支流则应将其出口站插入)将测站按顺序排列,检查月年最大、最小流量及出现日期,检查时可参照各站流量过程线,并结合河段内水流传播规律对照分析。

(3)悬移质输沙率和含沙量资料的合理性分析

a)上下游含沙量、输沙率过程线对照:在没有支流汇入或支流来沙量较小时,利用上下游站的含沙量过程线之间的关系,检查其含沙量过程线形状、峰谷、传播时间、沙峰历时等的合理性。在支流入汇影响较大,或区间经常发生冲淤变化的河段,应分析可能对上下游站含沙量关系的影响。

b)上下游月年平均输沙率对照:上下游各站月年平均输沙率对照,有跨月沙峰时,可用两月月平均输沙率之和检查沿河长输沙率变化的合理性。受区间支流来沙影响的区段,应将上游站与支流站输沙率之和列入与下游站比较。同时,还应分析区间冲淤影响的因素。

(4)水温资料的合理性分析

a)用上下游逐日水温过程线进行对照检查。上下游站的水温变化趋势应相似。

b)由于各河段所处的地理位置、气候条件不同,以及在人工调节或区间有较大水量加入时,检查可能发生的异常情况。

(5)降水量资料的合理性分析

a)邻站逐日降水量对照:用各站的逐日降水量表对照,在发生大暴雨或发现有问题的地区,可用相邻各站某次暴雨的自记累积曲线或时段降水量进行检查。通常相邻站的降水时间、降水量、降水过程具有一定规律性。如果发现某站情况异常,应进一步检查其原因。

b)相邻站月、年降水量及降水日数对照:用各站月、年降水量及降水日数进行检查。

若发现某站降水量或降水日数与邻站相差较大,应分析原因,并在有关表中附注说明。

(6)水面蒸发量资料的合理性分析

a)编制各站月、年水面蒸发量对照表,检查各站月、年水面蒸发量及变化情况。如发现某站月、年水面蒸发量与邻站相差较大时,应检查观测情况、蒸发场地、蒸发器形式及安放地点等。

7.6.1.3 流域范围合理性分析

a)绘制年径流深分布图,其分布与其自然地理情况应相符合。

b)暴雨、汛期及年降水量分布图,其暴雨中心、汛期及年降水量分布的合理性。

c)年水面蒸发量分布图,结合地形分析其合理性。

7.6.2 地下水监测资料汇交成果合理性分析

地下水监测资料汇交成果合理性分析主要从以下几个方面进行:

a)绘制水位、水温变幅分布图,分析水位、水温相邻测次变幅合理性,重点分析上年末、本年初监测数据合理性。

b)绘制逐日降水量及逐日水位对照过程线,分析单站水位动态合理性。

C)绘制同一含水层(组)各监测站逐日摘录过程线,分析其监测摘录合理性。

7.6.3 土壤墒情监测资料汇交成果合理性分析

土壤墒情监测资料汇交成果合理性分析可通过绘制监测期间逐日土壤含水量与降水、地下水埋深过程线图,进一步分析其合理性。

7.6.4 水质监测资料汇交成果合理性分析

水质检测是水资源保护的基础工作,及时、准确的水质检测数据是政府部门正确决策的科学依据。但是,水质检测程序复杂、环节多,每个环节都存在产生偶然误差的几率,因此,要确保水质检测数据准确可靠,对检测数据进行合理性分析十分重要。

天然水体的水质组分之间存在着一定的关系,具有规律性,因此,在水质的分析检测中利用这种规律性对水质检测数据进行合理性分析,对于提高检测数据的精度和科学性具有重要意义。

7.6.5 取用水水文监测资料汇交成果合理性分析

取用水量为完全人工控制,不论单一站点还是以县为单位,所取水量从季度及年度看都不允许超过所在河流、湖泊、水库供水量。不同年份同一季度用水量是比较接近或逐渐增多或减少。

第七节 水文监测资料汇交成果输出

水文监测资料汇交输出是把经过水文监测资料汇交校验处理,满足以下质量要求的成果按规定方式及格式输出。

成果质量标准为：

a)项目完整,图表齐全;

b)考证清楚,校正合理;

c)资料可靠,方法正确;

d)说明完备,规格统一;

e)数字准确,符号无误;

f)无系统错,极值正确;

g)数值错误,1/10000内(注:土壤墒情为1/1000,水质须跟原始资料一致)。

根据是否依赖系统分为:系统直接显示及非系统显示(电子表格格式,见附录)。

根据是否依赖汇交单位划分为:按单站输出及按汇交单位输出。

根据是否入库划分为:按流域系统显示卷册及导出入库格式。

7.7.1　汇交资料单站成果输出

单站成果输出的目的是以单站形成对本站资料进行展示,满足检索、下载、保存及存档需要。

7.7.1.1　地表水水文监测资料成果输出

(1)测站基本信息

水位、水文站一览表信息

降水量、水面蒸发量站一览表信息。

(2)水位

逐日平均水位表

洪水水位摘录表

(3)流量监测资料

实测流量成果表

实测大断面成果表

逐日平均流量表

来(蓄)水量月年统计表

洪水水文要素摘录表

水库水文要素摘录表

(4)泥沙

实测悬移质输沙率成果表

逐日平均悬移质输沙率表

逐日平均含沙量表

洪水含沙量摘录表

（5）水温

逐日水温表

（6）气温

逐日气温表

（7）降水量

逐日降水量表

降水量摘录表

各时段最大降水量。

（8）水面蒸发量

逐日水面蒸发量表

7.7.1.2　地下水水文监测资料成果输出

（1）一览表

地下水监测站基本情况考证成果一览表

（2）水位

地下水水位逐日监测成果表

地下水水位年特征值统计表

（3）水温

地下水水温逐日监测成果表

地下水水温年特征值统计表

7.7.1.3　土壤墒情水文监测资料输出

土壤墒情测站一览表

土壤墒情摘录成果表

土壤墒情特征值统计表

土壤墒情监测成果表

土壤墒情人工取土含水量成果表

7.7.1.4　水质水文监测资料输出

（1）地表水

地表水监测站点基本信息表

地表水月度成果表

地表水年度成果表

（2）地下水

地下水监测站点基本信息表

地下水月度成果表

地下水年度成果表

（3）植物动物生物

水生生物浮游植物定量分析记录表

水生生物浮游植物定性分析记录表

浮游水生生物浮游动物定量分析记录表

水生生物浮游动物定性分析记录表

水生生物底栖生物分析记录表

7.7.1.5　取用水水文监测资料输出

（1）取用水户基本信息一览表

（2）取用水户用水量统计表

7.7.1.6　水文调查资料及其它水文监测资料输出

（1）调查资料

（2）其它资料

7.7.2　汇交资料汇交单位成果输出

汇交单位成果输出的目的是以汇交部门为单位,形成对汇交部门所辖站点资料进行展示,满足检索、下载、保存及存档需要。

7.7.2.1　地表水水文监测资料成果输出

（1）说明表

水位、水文站一览表

水位、水文站摘录索引表

降水量、水面蒸发量站一览表（含资料索引）

各站月年平均水位对照表

各站月年最高水位对照表

各站月年最低水位对照表

各站月年平均流量对照表

各站月年最大流量对照表

各站月年最小流量对照表

各站时段最大洪水总量统计表

各站月年平均输沙率对照表

各站月年平均含沙量对照表

各站月年水温对照表

各站月年气温对照表

各站月年降水量对照表

各站时段最大降水量统计表

各站月年水面蒸发量对照表

(2)水位资料

逐日平均水位表

洪水水位摘录表

(3)流量资料

实测流量成果表

实测大断面成果表

逐日平均流量表

来(蓄)水量月年统计表

洪水水文要素摘录表

水库水文要素摘录表

(4)泥沙资料

实测悬移质输沙率成果表

逐日平均悬移质输沙率表

逐日平均含沙量表

洪水含沙量摘录表

(5)水温资料

逐日水温表

(6)气温资料

逐日气温表

(7)降水量

逐日降水量表

降水量摘录表

各时段最大降水量表(1)

各时段最大降水量表(2)

(8)水面蒸发量

逐日水面蒸发量表

7.7.2.2　地下水水文监测资料输出

（1）一览表

地下水监测站基本情况考证成果一览表

（2）水位

地下水水位逐日监测成果表

地下水水位年特征值统计表

（3）水温

地下水水温逐日监测成果表

地下水水温年特征值统计表

7.7.2.3　土壤墒情水文监测资料输出

土壤墒情测站一览表

土壤墒情摘录成果表

土壤墒情特征值统计表

土壤墒情监测成果表

土壤墒情人工取土含水量成果表

7.7.2.4　水质水文监测资料输出

（1）地表水

地表水监测站点基本信息表

地表水月度成果表

地表水年度成果表

（2）地下水

地下水监测站点基本信息表

地下水月度成果表

地下水年度成果表

（3）植物动物生物

水生生物浮游植物定量分析记录表

水生生物浮游植物定性分析记录表

浮游水生生物浮游动物定量分析记录表

水生生物浮游动物定性分析记录表

水生生物底栖生物分析记录表

7.7.2.5　取用水水文监测资料输出

（1）取用水户基本信息一览表

（2）取用水户用水量统计表

7.7.2.6　水文调查资料及其它水文监测资料输出

（1）调查资料

（2）其它资料

7.7.3　汇交资料流域成果输出

流域成果输出的目的是以流域及地州为单位,形成对流域及地州区域内站点资料成果展示,满足入库、检索、下载、保存及存档需要。

7.7.3.1　地表水水文监测资料成果输出

（1）说明表

水位、水文站一览表

水位、水文站摘录索引表

降水量、水面蒸发量站一览表（含资料索引）

各站月年平均水位对照表

各站月年最高水位对照表

各站月年最低水位对照表

各站月年平均流量对照表

各站月年最大流量对照表

各站月年最小流量对照表

各站时段最大洪水总量统计表

各站月年平均输沙率对照表

各站月年平均含沙量对照表

各站月年水温对照表

各站月年气温对照表

各站月年降水量对照表

各站时段最大降水量统计表

各站月年水面蒸发量对照表

（2）水位资料

逐日平均水位表

洪水水位摘录表

（3）流量资料

实测流量成果表

实测大断面成果表

逐日平均流量表

来(蓄)水量月年统计表

洪水水文要素摘录表

水库水文要素摘录表

(4)泥沙资料

实测悬移质输沙率成果表

逐日平均悬移质输沙率表

逐日平均含沙量表

洪水含沙量摘录表

(5)水温资料

　逐日水温表

(6)气温资料

逐日气温表

(7)降水量

逐日降水量表

降水量摘录表

各时段最大降水量表(1)

各时段最大降水量表(2)

(8)水面蒸发量

逐日水面蒸发量表

7.7.3.2　地下水水文监测资料输出

(1)一览表

地下水监测站基本情况考证成果一览表

(2)水位

地下水水位逐日监测成果表

地下水水位年特征值统计表

(3)水温

地下水水温逐日监测成果表

地下水水温年特征值统计表

7.7.3.3　土壤墒情水文监测资料输出

土壤墒情测站一览表

土壤墒情摘录成果表

土壤墒情特征值统计表

土壤墒情监测成果表

土壤墒情人工取土含水量成果表

7.7.3.4　水质水文监测资料输出

（1）地表水

地表水监测站点基本信息表

地表水月度成果表

地表水年度成果表

（2）地下水

地下水监测站点基本信息表

地下水月度成果表

地下水年度成果表

（3）植物动物生物

水生生物浮游植物定量分析记录表

水生生物浮游植物定性分析记录表

浮游水生生物浮游动物定量分析记录表

水生生物浮游动物定性分析记录表

水生生物底栖生物分析记录表

7.7.3.5　取用水水文监测资料输出

（1）取用水户基本信息一览表

（2）取用水户用水量统计表

7.7.3.6　水文调查资料及其它水文监测资料输出

（1）调查资料

（2）其它资料

第八章 水文资料数据库系统

第一节 系统概述

《水文资料数据库系统》是在单机无网状态下完成对"云南水文数据库"数据导入、数据修改、水文计算、成果查询、数据导出应用的总称。

《水文资料数据库系统》包含三个模块:①"云南水文数据库"建库,见表8—1;②水文计算[P3型频率曲线](59个表项要素);③成果查询[成果数据查询](66个表项要素)。

"云南水文数据库"建库:使用《水文资料数据库系统》在单机无网状态下完成对"云南水文数据库"数据导入、数据修改、水文计算、成果查询、数据导出等实作(同表1-1)。

《水文资料数据库系统》建库内容包含:①历史整编数据[建站至2005年]入库;②静态整编数据[2006年至2018年]入库;③动态整编数据[2019年起至今]入库。

第二节 水文数据入库

8.2.1 历史整编数据[建站至2005年]入库

将人工查缺补漏及复核处理好的历史整编数据[建站至2005年]用单机《水文资料数据库系统》按17个数据成果电子文档内容分别入库。见表8-1。

表8-1 数据库数据表项表

序号	数据成果表项名称	数据成果分项表名称
1	逐日平均水位表	日值表,月统计表,年统计表
2	逐日平均流量表	日值表,月统计表,年统计表
3	逐日平均悬移质输沙率表	日值表,月统计表,年统计表
4	逐日平均含沙量表	日值表,月统计表,年统计表,最大、最小断面平均含沙量
5	逐日水温表	日值表,月统计表,年统计表
6	逐日气温表	日值表,月统计表,年统计表
7	逐日降水量表	日值表,月统计表,年统计表
8	逐日水面蒸发量表	日值表,月统计表,年统计表
9	实测大断面成果表	实测大断面成果表,大断面参数表
10	实测悬移质输沙率成果表	
11	洪水水位摘录表	
12	实测流量成果表	
13	洪水水文要素摘录表	
14	洪水含沙量摘录表	
15	降水量摘录表	
16	各时段最大降水量表(1)	
17	各时段最大降水量表(2)	

8.2.2 静态整编数据[2006年至2018年]入库

将静态整编数据[2006年至2018年]用单机《水文资料数据库系统》功能按全省年度总数据[即《水文资料整编系统》导出的《水文年鉴》标准文本格式数据文件]入库。年度总数据文件压缩如下：

SW***********.zip

"SW***********"特指静态整编数据、类别、卷号、册号、分册号、年份信息。"SW***********.zip"内容包含《水文年鉴》标准文本格式数据文件17个，扩展名分别是ZAL、ZPL、QCL、QDL、QAL、QPL、CCL、CAL、CBL、CRL、IAL、IBL、PAL、PEL、PFL、PPL、EAL。

8.2.3 动态整编数据[2019年起至今]入库

将动态整编数据[2019年起至今]用单机《水文资料数据库系统》按全省年度卷册数据[即《水文资料在线整编系统》导出的《水文年鉴》标准文本格式数据文件]入库。卷册数据文件压缩如下：

***********.zip

"***********"特指动态整编数据、类别、卷号、册号、分册号、年份信息。"***********.zip"内容包含《水文年鉴》标准文本格式数据文件27个，扩展名分别是ZAL、ZPL、ZP1L、ZP2L、ZEG、QCL、QDL、QAL、QPL、QP1L、QP2L、QEG、CCL、CAL、CBL、CRL、CR1L、CR2L、IAL、IBL、PAL、PEL、PFL、PPL、PP1L、PP2L、EAL。

"水文资料数据库"建库的历史整编数据[建站至2005年]按安排次序由各分局提供入库，静态整编数据[2006年至2018年]及动态整编数据[2019年起至今]由省局统一入库。

第三节 水文计算

水文计算为防洪、水资源开发和某些工程的规划、设计、施工和运行提供水文数据的各类水文分析和计算的总称。

不同工程要求估算的水文设计特征值不尽相同。桥梁工程要求估算所在河段可能出现的设计最高水位和最大流量，以便合理决定桥梁的高程和跨度；防洪工程为权衡下游和自身的安全、经济和风险，要求估算工程未来运行时期可能遇到的各种稀遇的洪水；灌溉、发电、供水、航运等工程需要知道所在河流可能提供的水量和水能蕴藏量，以确定灌溉面积、发电量、城市或工矿企业供水量和航运发展规模。工程的运行时期可长达几十至几百年，不可能象水文预报那样给出该时期内某一水文特征值出现的具体时间和大小，而是用水文统计的方法，估算在该时期中可能出现的某一设计标准的水文特征值。本处所指的水文计算，仅对指定站点或断面处的各水文要素进行P–Ⅲ型频率进行分析计算并提供各频率对应的成果值。

8.3.1 水文资料"水文计算"项目

水文资料"水文计算"项目包括水位、流量、泥沙、水温、气温、降水、蒸发下的59个要素(同表1-2)。

8.3.2 P-Ⅲ型曲线原理

8.3.2.1 P-Ⅲ型曲线

P-Ⅲ型曲线是一条一端有限一端无限的不对称单峰铃形曲线,数学上称为 Γ 分布,其概率密度函数为:

$$f(x) = \frac{\beta^{\alpha}}{\Gamma(\alpha)}(x - \alpha_0)^{(\alpha-1)}e^{-\beta(x-\alpha_0)} \tag{8-1}$$

式中: $\Gamma(\alpha)$ ——α 的伽马函数;

α、β、α_0 分别为P-Ⅲ曲线的三个参数。

由P-Ⅲ曲线概率密度函数曲线可知,P-Ⅲ曲线和形状取决于 α、β、α_0 三个参数,这三个参数与水文系列资料总体三个统计参数均值 $\bar{x}$、变差系数 Cv、偏态系数 Cs 具有关系式: $\alpha = 4/Cs^2$, $\beta = 2/(\bar{x} CvCs)$, $\alpha_0 = \bar{x}(1 - 2Cv/Cs)$。

8.3.2.2 P-Ⅲ型频率曲线

水文频率计算需要是累积频率曲线,因些还需对式(1-1) Γ 分布概率密度函数进行积分,求出指定频率P所相应的变量 x_p 。设大于及等于 x_p 的累积频率为P,即:

$$P = \frac{\beta^{\alpha}}{\Gamma(\alpha)}\int_{x_p}^{x}(x - \alpha_0)^{(\alpha-1)}e^{-\beta(x-\alpha_0)}dx \tag{8-2}$$

式中: x_p ——设计值;

P ——累积频率;其余参数与式(8-1)相同。

在实际运用中,通常知道某一设计标准频率P,反推求出设计值 x_p 。

8.3.3 参数估计

P-Ⅲ型密度曲线的形状取决于 α、β、α_0 三个参数,而此三个参数可由水文系列资料总体三个统计参数均值 $\bar{x}$、变差系数 Cv、偏态系数 Cs 来确定。所以,要确定P-Ⅲ型曲线的具体分布函数,需先求出水文系列资料总体的三个参数。水文系列资料总体是无法获取的,在实际计算中,通常以可以获得的水文资料为样本,去估计总体的三个参数。估计方法常用矩法估计,即由样本矩估计总体矩。

水文资料有连续和不连续(系列中加入历史调查考证的水文资料),不同序列最终得出的参数估计计算式也不同。

8.3.3.1 连续系列

对于连续的水文样本系列资料,通过矩法估计,最终得到的三个水文统计参数据为:

$$\bar{x} = \frac{1}{n}\sum_{i=1}^{n} x_i \qquad (8-3)$$

$$Cv = \sqrt{\frac{\sum_{i=1}^{n}(Ki -)^2}{n-1}} \qquad (8-4)$$

$$Cs = \frac{\sum_{i=1}^{n}(Ki-1)^3}{(n-3)Cv^3} \qquad (8-5)$$

式中:n 为水文样本资料的长度,Ki 为模比系数($Ki = xi/\bar{x}$)。

8.3.3.2 不连续系列

对于不连续的水文样本系列资料,通过矩法估计,最终得到的三个水文统计参数据为:

$$\bar{x} = \frac{1}{N}\left[\sum_{i=1}^{n} x_i + \frac{N-a}{n-1}\sum_{j=i+1}^{n} x_j\right] \qquad (8-6)$$

$$Cv = \sqrt{\frac{1}{N-1}\left[\sum_{i=1}^{a}(Ki-1)^2 + \frac{N-a}{n-l}\sum_{j=i=1}^{n}(k_j-1)^2\right]} \qquad (8-7)$$

Cs 可按照 Cv 的一定倍数来取,一般径流取 $2Cv$,洪水取:$3-4Cv$(当 $Cv{\leqslant}0.5$);$2.5-3.5Cv$(当 $0.5 < Cv{\leqslant}1.0$);$2.0-3.0Cv(Cv > 1)$。

式中 n 为水文样本资料的长度,Ki,Kj 为模比系数($Ki = xi/\bar{x}$,$Kj = xj/\bar{x}$。a 在 N 年中连续顺位的特大洪水的项数;N 历史考证期;l 实测洪水系列中抽作特大值处理的洪水项数;m 实测洪水的序号。

8.3.4 目估适线法

8.3.4.1 经验频率计算及点绘样本经验点据

连续系列的经验频率计算:将获得的可用的水文序列资料 xi 按从大到小排序,并对其进行编号,然后采用数据期望公式计算经验频率:

$$Pm = \frac{m}{n+1} \qquad (8-8)$$

式中:Pm——大于或大于某一变量 x_m 的经验频率;

m——由大到小的排列序号;

n——系列长度。

计算出经验频率之后,将经验点据(Pi,xi)点绘到频率格纸上。

不连续系列的经验频率计算有两种方法:分别排位法和统一排位法。以下以统一排位法为例。

将实测洪水与历史洪不一起共同组成一个不连续的系列,论为它们共同参与组成一个历史调查期为N年的样本,各项样本可以在N年中统一排序。其中,为首的a项占据N中的前a个序位,采用数学期望公式计算经验频率:

$$P_M = \frac{M}{N+1} \quad M=1,2,\ldots,a \tag{8-9}$$

而实测期n年内的n−l个一般洪水是N年样本的组成部分,由于它们都不超过N年不完全样本中为首的a项洪水,因此其概率不再是从0至1,而只能是从Pa到1(Pa是第a项特大洪水的经验频率)。于是对实测期的一般洪水,假定其第m项的经验频率在(Pa,1)区间内线性内插,即:

$$P_m = \frac{a}{N+1} + \left(1 - \frac{a}{N+1}\right)\frac{m-l}{n-l+1} \tag{8-10}$$

式中:P_M——特大洪水的第M项的经验频率;

　　M——特大洪水的序号;

　　a——在N年中连续顺位的特大洪水的项数;

　　N——历史考证期;

　　l——实测洪水系列中抽出作特大值处理的洪水项数;

　　m——实测洪水的序号;

　　P_m——实测系列第m项的经验频率。

计算出经验频率之后,将经验点据(P_i,x_i)点绘到频率格纸上。

8.3.4.2　参数估计

对水文系列资料的参数估计如前所述的方法进行估计,求出系列的三个参数即:均值$\bar{x}$、变差系数C_v、偏态系数C_s,以此三个参数作为适线法的初值,根据该参数值查P-Ⅲ型Φ值表,可以求得一组不同频率P对应的设计值x_p,即:

$$x_p = \bar{x}\left[1 + C_v\Phi(p,C_s)\right] \tag{8-11}$$

8.3.4.3　调整适线

检查频率曲线与经验点据的拟合情况,如果拟合不好,则调整参数,主要调整变差系数C_v和偏态系数C_s,在重新计算频率曲线,重新画线,通过不断的调整参数,画出多条频率曲线。

8.3.4.4　确定参数,推求设计值

从上一步所画的频率曲线中,选择一条与经验点据拟合比较好的频率曲线作为设计频率曲线,相应于该曲线的参数作为总体的参数估计值,利用这组参数,根据式(8-11)即可推求指定设计频率的设计值(同表1-2)。

8.3.5 P3型频率曲线实施逻辑图

8.3.5.1 菜单选择

P3型频率曲线实施采用菜单选择，见图8-1。

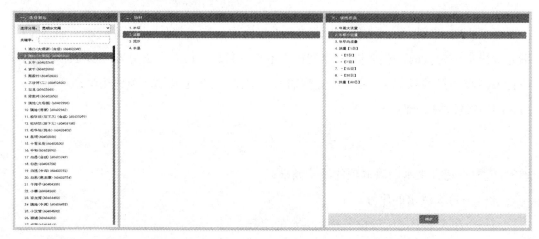

图8-1 选择菜单

8.3.5.2 前端显示

P3型频率曲线图见图8-2。其中有5个项目要素【保证率水位、日时段洪量、日时段降水量、各时段最大降水量表(1)、各时段最大降水量表(2)】属同类的需单条线或全部多条线成图，其余的均为单条线。

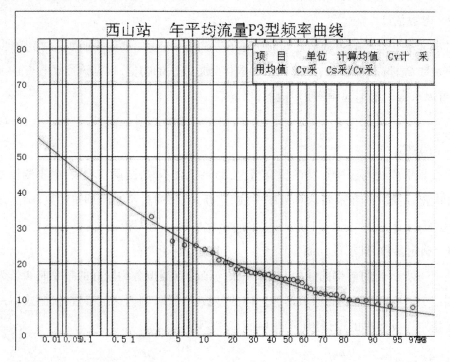

图8-2　　P3型频率曲线图

（1）成果中含有35个"设计P%"及"设计值"，见表8-2。

表8-2　设计P%及设计值表

设计P%	0.01	0.02	0.03	0.04	0.05	0.1	0.2	0.3	0.4	0.5	1	2	3	4	5	10	15	20
设计数值	55.180	52.420	50.682	49.505	48.721	45.876	42.986	41.305	40.057	39.077	36.037	32.898	31.012	29.786	28.559	25.055	22.925	21.251
设计P%	25	30	35	40	45	50	55	60	65	70	75	80	85	90	95	97	99	
设计数值	19.933	18.798	17.842	16.886	16.064	15.242	14.492	13.741	13.010	12.280	11.536	10.753	9.852	8.952	7.719	7.034	5.951	

（2）列表项目要素值按顺序排列，见表8-3。

表8-3　相目要素值表

序号	年份	相目要素值

（3）添加项目要素调查系列值参加处理计算（如水位、流量、降水量），见表8-4。

表8-4　项目要素调查系列表

项目要素实测系列值		项目要素调查系列值		
年份	年最大流量	年份	调查流量值	调查重现期
1960	746	1910	4340	100
1961	1090	1915	3810	95
1962	944	1924	2740	86
1963	591	1928	3050	82
1964	1020	1936	2750	74
1965	1300	1934	2680	76
1966	1550	1948	2650	62
1967	965			
1968	1630			
1969	840			
1970	928			
1971	2220			
1972	1080			
1973	916			
1974	1300			
1975	456			
1976	1250			
1977	702			
1978	1290			
1979	1250			
1980	1260			
1981	762			

第四节　成果查询

水文资料整编成果是指通过对原始的水文资料按科学方法和统一规格，进行分析、统计、审核、汇编、刊印或储存等工作成果的总称。

成果查询是对水文资料整编成果的检索、预览、编排的总称。

"成果查询"设计实现三个功能：①成果年份表；②单站成果查询；③成果编排。

8.4.1 成果年份表

建立成果年份表的目的是对成果库中所有站点所有水位、流量、泥沙、水温、气温、降水、蒸发项目及资料年份以流域或单站进行显示，见表8-5。

表8-5 流域成果年份表

序号	测站编码	站名	管理单位	断面地点	起止年份								
					水位	流量	泥沙	水温	气温	降水	蒸发		
											20cm	80cm	E601

8.4.2 成果查询

对下列成果表项进行单站单表查询，能按卷、册、测站编码、站名年份、（自动显示所有年份供选择）进行显示。

逐日平均水位表

逐日平均流量表

逐日平均悬移质输沙率表

逐日平均含沙量表

逐日水温表

逐日气温表

逐日降水量表

逐日水面蒸发量表

各时段最大降水量表(1)

各时段最大降水量表(2)

洪水水位摘录表

实测流量成果表

实测大断面成果表

洪水水文要素摘录表

实测悬移质输沙率成果表

洪水含沙量摘录表

降水量摘录表

对下列对照表表项进行单站查询，能按流域（卷）、册、测站编码、站名显示所有年份资料。

历年月年平均水位对照表

历年月年最高水位对照表

历年月年最低水位对照表

历年月年平均流量对照表

历年月年最大流量对照表

历年月年最小流量对照表

历年月年平均输沙率对照表

历年月年平均含沙量对照表

历年月年水温对照表

历年月年气温对照表

历年月年降水量对照表

历年月年水面蒸发量对照表

8.4.3　成果编排

对下列水文特值按指定站点（可以同时多站）、多年（指定时段）进行成果编排（同表1-3）。

附录　数字水文基础表项

数字水文基础表项分类为说明表、测验表、对照表及成果表。

附录1　说明表包含下列内容(8项)：

附录2　测验表包含下列内容(16项)：

附录3　对照表包含下列内容(17项)：

附录4　成果表包含下列内容(17项)：

附表 1-1

测站说明表

«YEAR»年 «RVNM» «STNM»站说明表

测站编码:«STCD»

	设立或变动情况	发生年月	站 名	站别	领导机关	说 明
测站沿革	«CHGCND»	«YRMONTH»	«STNM»	«STCT»	«ADMAG»	

测验河段及其附近河流情况	«NT»			

	名 称	位 置	布设年月	使用情况
断面及主要测验设施布设情况	«TableStart:o»«o1»	«o2»	«o3»	«o4»«TableEnd:o»

	名称和型式	水尺质料或自记台类型	位 置
基本水尺水位观测设备	«TableStart:t»«t1»	«t2»	«t3»«TableEnd:t»

附注	

附表 1-2

水准点沿革表

«YEAR»年 «RVNM» «STNM»站水准点沿革表

测站编码：«STCD»

编号 «Table Start:o» «o1»	测量或变动日期 «o2»	冻结基面以上高程 (m) «o3»	绝对或假假定基面以上高程 (m)		型 式 及 位 置 «o6»	引据水准点 «o7»	变动原因 «o8»«TableEnd:o»
			高程 «o4»	基面 «o5»			

附表1-3

水准点高程考证表

《YEAR》年　《RVNM》　《STNM》站水准点高程考证表

水系：《HNNM》

测站编码:《STCD》

单位：m

基面：85 基准

编号	设立情况		位置说明	应用引据点		本年测量情况						采用高程		
	年月	机关		月日	编号	高程	测量单位	水准等级	测得高差	闭合差	允许差	计算高程	去年	本年
《TableStart》《o1》	《o2》	《o3》	《o4》	《o5》		《o7》	《o8》	《o9》	《o10》	《o11》	《o12》	《o13》	《o14》	《o15》《TableEnd:o》

说明

附表1-4

水尺零点高程考证表

《YEAR》年　《RVNM》　《STNM》站水尺零点高程考证表

测站编码：　《STCD》

水尺编号	零点高程测量							使用起止时间	说明
	高程(m)	年月日	方法	闭合差(m)	允许误差(m)	采用高程(m)	引据点		
《TableStar》	《o2》	《o3》	《o4》	《o5》	《o6》	《o7》	《o8》	《o9》	《o10》《TableEnd:o》
水尺编号	高程(m)	年月日	方法	闭合差(m)	允许误差(m)	采用高程(m)	引据点		
《TableStar》	《o2》								《o10》《TableEnd:o》

附表 1-5

站以上主要水利工程基本情况表

《YEAR》年　《RVNM》　《STNM》站以上主要水利工程基本情况表

测站编码：《STCD》

序号	河名	工程名称	地　　点	坐标		控制面积(KM²)	总库容(104m³)	实际最大灌溉面积(104hm²)	实际最大引排水量(10⁴m³)	建成年份	附注
				东经	北纬						
《TableStart:o》《o1》	《o2》	《o3》	《o4》	《o5》	《o6》	《o7》	《o8》	《o9》	《o10》	《o11》	《o12》

附表1-6

水位资料整编说明表

《YEAR》年 《RVNM》 《STNM》站水位资料整编说明表

测站编码：《STCD》

基本情况	水准点校测及高程变动情况	《SM1》
	水尺零点高程校测及变动情况	《SM2》
	水尺型式	《SM3》
	水位观测情况(包括与自记仪比测情况)	《SM4》
	自记水位台(仪)使用情况	《SM5》

资料整理中发现的问题及解决方法		观测中存在的问题及处理方法	《SM6》									
		整编中发现的问题及解决方法	《SM7》									
		合理性检查情况及发现问题的处理	《SM8》									
	年头年尾立接头	年月	《SM9》年		《SM10》月		《SM11》年			《SM12》月		
		日期	27	28	29	30	31	1	2	3	4	5
		水位	《SM13》	《SM14》	《SM15》	《SM16》	《SM17》	《SM18》	《SM19》	《SM20》	《SM21》	《SM22》
		年月	《SM23》年		《SM24》月		《SM25》年			《SM26》月		
		日期	27	28	29	30	31	1	2	3	4	5
		水位	《SM27》	《SM28》	《SM29》	《SM30》	《SM31》	《SM32》	《SM33》	《SM34》	《SM35》	《SM36》

遗留问题	《SM37》
改进意见	《SM38》
基它	《SM39》

附表1-7

流量资料整编说明表

《YEAR》年　《RVNM》　《STNM》站流量资料整编说明表

测站编码：《STCD》

<table>
<tr><td rowspan="3">测站特性</td><td>河道（床）变化情况</td><td colspan="9">《SM1》</td></tr>
<tr><td>主泓变动及流速分布变化情况</td><td colspan="9">《SM2》</td></tr>
<tr><td colspan="10">基本水尺与测流断面间距　《SM3》</td></tr>
<tr><td rowspan="9">测验情况</td><td>全年实测</td><td colspan="9">最大流量《SM4》　㎥/s　相应水位《SM5》　m　最高水位《SM6》　m
最大流量《SM7》　㎥/s　相应水位《SM8》　m　最高水位《SM9》　m</td></tr>
<tr><td>测验方法</td><td colspan="9">《SM10》</td></tr>
<tr><td>测次分布情况及全年施测次数</td><td colspan="9">《SM11》</td></tr>
<tr><td>流速仪、停止表使用损坏情况</td><td colspan="9">《SM12》</td></tr>
<tr><td>流速系数及来源</td><td colspan="9">《SM13》</td></tr>
<tr><td>浮标系数及来源</td><td colspan="9">《SM14》</td></tr>
<tr><td>测深方法</td><td colspan="9">《SM15》</td></tr>
<tr><td>流向变化情况（>10°）</td><td colspan="9">《SM16》</td></tr>
<tr><td>断面测量</td><td colspan="9">《SM17》</td></tr>
<tr><td rowspan="5">定线推流情况</td><td>本年Z-Q关系定线方法及与历年关系比较</td><td colspan="9">《SM18》</td></tr>
<tr><td>突出点分析批判</td><td colspan="9">《SM19》</td></tr>
<tr><td>Z-Q关系线与测站特性分析</td><td colspan="9">《SM20》</td></tr>
<tr><td>关系线延长方法</td><td colspan="9">《SM21》</td></tr>
<tr><td>流量过程线与水位过程线对照检查</td><td colspan="9">《SM22》</td></tr>
<tr><td rowspan="6">年头年尾接头</td><td>年月</td><td colspan="4">《SM23》年《SM24》月</td><td colspan="5">《SM25》年《SM26》月</td></tr>
<tr><td>日期</td><td>27</td><td>28</td><td>29</td><td>30</td><td>31</td><td>1</td><td>2</td><td>3</td><td>4</td><td>5</td></tr>
<tr><td>流量</td><td>《SM27》</td><td>《SM28》</td><td>《SM29》</td><td>《SM30》</td><td>《SM31》</td><td>《SM32》</td><td>《SM33》</td><td>《SM34》</td><td>《SM35》</td><td>《SM36》</td></tr>
<tr><td>年月</td><td colspan="4">《SM37》年《SM38》月</td><td colspan="5">《SM39》年《SM40》月</td></tr>
<tr><td>日期</td><td>27</td><td>28</td><td>29</td><td>30</td><td>31</td><td>1</td><td>2</td><td>3</td><td>4</td><td>5</td></tr>
<tr><td>流量</td><td>《SM41》</td><td>《SM42》</td><td>《SM43》</td><td>《SM44》</td><td>《SM45》</td><td>《SM46》</td><td>《SM47》</td><td>《SM48》</td><td>《SM49》</td><td>《SM50》</td></tr>
<tr><td colspan="2">遗留问题</td><td colspan="9">《SM51》</td></tr>
<tr><td colspan="2">说　明</td><td colspan="9">《SM52》</td></tr>
</table>

附表1-8

悬移质输沙率资料整编说明表

《YEAR》年 《RVNM》 《STNM》站悬移质输沙率整编说明表

测站编码：《STCD》 输沙率（kg/s），含沙量（kg/m³）

<table>
<tr><td rowspan="3">测站特性</td><td rowspan="2">取样仪器</td><td>型式</td><td colspan="9">《SM1》</td></tr>
<tr><td>容积</td><td colspan="9">《SM2》　　　　　　　　　cm³</td></tr>
<tr><td colspan="2">施测次数</td><td colspan="4">单沙：《SM3》</td><td colspan="5">断沙：《SM4》</td></tr>
<tr><td rowspan="12">测验情况</td><td rowspan="2">测次分布情况</td><td>输沙率</td><td colspan="9">《SM5》</td></tr>
<tr><td>单沙</td><td colspan="9">《SM6》</td></tr>
<tr><td rowspan="2">测验方法</td><td>断沙</td><td colspan="9">《SM7》</td></tr>
<tr><td>单沙</td><td colspan="9">《SM8》</td></tr>
<tr><td colspan="2">单沙取样位置</td><td colspan="9">《SM9》</td></tr>
<tr><td colspan="2">水样处理方法及损失情况</td><td colspan="9">《SM10》</td></tr>
<tr><td colspan="11">实测断面含沙量：　最大 《SM11》　最小 《SM12》　　推算断面含沙量：　最大 《SM13》　最小 《SM14》</td></tr>
<tr><td rowspan="5">整编情况</td><td colspan="2">推求断沙方法</td><td colspan="9">《SM15》</td></tr>
<tr><td colspan="2">突出点分析批判</td><td colspan="9">《SM16》</td></tr>
<tr><td colspan="2">单一断沙关系线型及与历年对照</td><td colspan="9">《SM17》</td></tr>
<tr><td colspan="2">单一断沙关系线延长方法及其正确性</td><td colspan="9">《SM18》</td></tr>
<tr><td colspan="2">本站断沙过程线与水位过程线对照情况</td><td colspan="9">《SM19》</td></tr>
<tr><td rowspan="9">合理性检查</td><td colspan="2" rowspan="9"></td></tr>
<tr></tr>
</table>

<table>
<tr><td rowspan="16">合理性检查</td><td colspan="2">本站水位过程线，流量过程线，含沙量过程线，输沙率过程线，四关系对照</td><td colspan="9">《SM20》</td></tr>
<tr><td rowspan="8">年头年尾接头</td><td>年 月</td><td colspan="4">《SM21》 年 《SM22》 月</td><td colspan="5">《SM23》 年 《SM24》 月</td></tr>
<tr><td>日 期</td><td>27</td><td>28</td><td>29</td><td>30</td><td>31</td><td>1</td><td>2</td><td>3</td><td>4</td><td>5</td></tr>
<tr><td>含沙量</td><td>《SM25》</td><td>《SM26》</td><td>《SM27》</td><td>《SM28》</td><td>《SM29》</td><td>《SM30》</td><td>《SM31》</td><td>《SM32》</td><td>《SM33》</td><td>《SM34》</td></tr>
<tr><td>输沙量</td><td>《SM35》</td><td>《SM36》</td><td>《SM37》</td><td>《SM38》</td><td>《SM39》</td><td>《SM40》</td><td>《SM41》</td><td>《SM42》</td><td>《SM43》</td><td>《SM44》</td></tr>
<tr><td>年 月</td><td colspan="4">《SM45》 年 《SM46》 月</td><td colspan="5">《SM47》 年 《SM48》 月</td></tr>
<tr><td>日 期</td><td>27</td><td>28</td><td>29</td><td>30</td><td>31</td><td>1</td><td>2</td><td>3</td><td>4</td><td>5</td></tr>
<tr><td>含沙量</td><td>《SM49》</td><td>《SM50》</td><td>《SM51》</td><td>《SM52》</td><td>《SM53》</td><td>《SM54》</td><td>《SM55》</td><td>《SM56》</td><td>《SM57》</td><td>《SM58》</td></tr>
<tr><td>输沙率</td><td>《SM59》</td><td>《SM60》</td><td>《SM61》</td><td>《SM62》</td><td>《SM63》</td><td>《SM64》</td><td>《SM65》</td><td>《SM66》</td><td>《SM67》</td><td>《SM68》</td></tr>
<tr><td>附注</td><td colspan="11">《SM69》</td></tr>
</table>

附表2-1

水准测量记载簿

《YEAR》 年

《RVNM》 《STNM》 站水准测量记载簿

测站编码：《STCD》

流域 《BSHNCD》 水系 《HNNM》 河名 《RVNM》

《ADMAG》

云南省水文水资源局《ADMNST》

附表2-2

水准测量成果

«YEAR» 年 «RVNM» «STNM»站水准测量成果表

测站编码：«STCD»

| 施测号数： | 测量项目： | 施测号数： | 测量号数： | 测量项目： | 仪器牌号： | 垂面名称： | 天气： |

水准点

水准点编号	本年往返平均距离(km)	高差(m) 往测	高差(m) 返测	引据点编号	引据点高程(m)	测量单位	水准等级	测得高差(m)	闭合差(m)	允许差(m)	计算高程(m)	去年采用高程(m)	今年采用高程(m)

水边点测时水位记录： 月 日 时 分 水尺编号： 水尺读数： 水位： m

全程往返平均站数： 全程允许误差(m)： 水尺零点高程： 水尺零点高程：

水尺零点高程

水尺编号	原测高程(m)	原测年月日	往返平均站数	高差(m) 往测	高差(m) 返测	平均	引据点编号	引据点高程(m)	高程(m)	年月日	方法	闭合差(m)	允许误差(m)	采用高程(m)	引据点

全程实测闭合差(m)：

大断面

大测左水边时间： 月 日 时 分	水尺编号：	水尺读数：	水位： m
测右水边时间： 月 日 时 分	水尺编号：	水尺读数：	水位： m
全程站数：	全程闭合差：	实测闭合差(m)：	允许误差(m)：	实测闭合差(m)： 引据点编号：

附表2-3

水准测量记载表

«YEAR» 年　«RVNM»　«STNM»站水准测量记载表

测站编码：«STCD»　施测号数：«SCH»　测量项目：«CLXM»　测量时间：«CLMM» 月 «CLDD» 日 «CLHH» 时 «CLMI» 分 至 «CLDD» 日 «CLHH» 时 «CLMI» 分

仪器站号	测点	起点距(m)	后视			前视			视距差(m)	视距差累计(m)	后视(mm)		前视(mm)		侧视(mm)		高差(m)		平均高差(m)		高程(m)
			上丝	下丝	后(间距)(m)	上丝	下丝	后(间距)(m)			黑	红	黑	红	黑	红	+	-	+	-	

附表2-4

水深及水上部分间距测量记载表

«YEAR» 年 «RVNM» «STNM»站水深及水上部份间距测量记载表

测站编码: «STCD» 施测号数: «SCH» 断面名称及位置: 测量时间: «DMMC» «CLMM» 月 «CLDD» 日 «CLHH» 时 «CLMI» 分至 «CLDD» 日 «CLHH» 时 «CLMI» 分

垂线号数	间距 (m)	起点距 (m)	实测水深(m)			测深时分 (h:m)	水位 (m)	河底高程 (m)	桩号	间距(m)			起点距 (m)	备注
			I	II	平均					往测	返测	平均		

附表2-5

水位水温气温观测记载簿

«YEAR» 年

«RVNM» «STNM» 站水位水温气温观测记载薄

测站编码：«STCD»

流域 «BSHNCD» 水系 «HNNM» 河名 «RVNM»

«ADMAG»

云南省水文水资源局«ADMNST»

附表2-6

水位水温气温观测记载表

测站编码：«STCD»

«YEAR» 年 «RVNM» «STNM»站水位水温气温观测记载表

月	日	时	分	水尺编号	水尺零点高程（m）	水尺读数（m）	基本水尺水位 z（m）	遥测水位 Z1（m）	Z-Z1（m）	订正后遥测水位（m）	水温（℃）	气温（℃）	备注
«o1»	«TableStart»«o2»	«o3»	«o4»	«o5»	«o6»	«o7»	«o8»	«o9»	«o10»	«o11»	«o12»	«o13»	«o14»«TableEnd:o»

附表2-7

流量及输沙率测验记载簿

«YEAR» 年

«RVNM» «STNM» 站流量及输沙率测验记载薄

测站编码：«STCD»

流域 «BSHNCD» 水系 «HNNM» 河名 «RVNM»

«ADMAG»

云南省水文水资源局«ADMNST»

附表2-8

流量及输沙率测验记载表

«YEAR» 年 «RVNM» «STNM» 站流量及输沙率测验记载表

测站编码: «STCD»

施测时间: «YMSTCD» 年 «BM» 月 «BD» 日 «BH» 时 «BMI» 分 至 «ED» 日 «EH» 时 «EMI» 分 至（平均）«AVGD» 日 «AVGH» 时 «AVGMI» 分

流速仪型式: «LEVELID» 号码: «KNO» 公式: «TPWD» 检定后使用次数: «USENUM»

断面流量: «XSQ» 水 面 宽: «TPWD» 水面落差: «RVSFSL» 计时方式: «SENUM»

水道断面面积: «XSAR» 平均水深: «AVDP» 断面比率: «N»

死水断面积: «DWAR» 最大水深: «MXDP» 断面输沙率: «XSQS»

平均流速: «AVVM» 相应水位: «XYZ» 断面平均含沙量: «XSAVCS»

最大测点流速: «MAXVM» 垂线数/测点布置: «VTNUM» 相应单样含沙量: «IXCS»

输沙率: «QOBNO» 断面名称及位置: «QSOBNO» 单样水样: «DYSYNO»

天气: «TMMAY» 借用断面施测站号: «XSNML» 单样水样: «QSOBNO»

出厂/最近检定年份: «PYEAR» 信号转换: «ZS» 比降距离:

水尺名称 水尺编号 零点高程（m）水位（m）

基本 «BANO» «BADGR» 始: «BABGR» 始: «BAEDR» 终: «BALG» 平均: «BAZ»

测 流 «DBNO» «OBDGR» 始: «OBBGR» 始: «OBEDR» 终: «OBLG» 平均: «OBZ»

上 比 降 «JRDNO» «JRDDGR» 始: «JRBGR» 始: «JRDEDR» 终: «JRDLG» 平均: «JRDZ»

下 比 降 «DRDNO» «DRDDGR» 始: «DRDBGR» 始: «DRDEDR» 终: «DRDLG» 平均: «DRDZ»

垂线号数	起点距(m)	测深测速时间(h:m)	河底高程(m)	基本水尺水位(m)	水深(m)	流速仪位置 相对	流速仪位置 测点深(m)	测速记录 总历时(s)	测速记录 信号转数	测速记录 总转数	测点(m/s)	流速 垂线平均	流速 系数	平均流速(m/s) 部分平均	平均流速 平均水深	测深垂线间(m)	水道断面面积(m²) 间距 测深垂线间	水道断面面积 部分 测速垂线间	流量(m³/s) 测速 垂线间	流量 取样垂线间	单样含沙量(kg/m³) 垂线平均	单样含沙量 部分平均	部分输沙率(kg/s)

附注:

测深

测速

附表2-9

相应水位记载表

测站编码：«STCD»

«YEAR» 年　«RVNM»　«STNM»站相应水位记载表

流量施测号数 «QOBNO»

测速垂线号数	起点距（m）	部分水道断面宽 b(m)	测速垂线所占部分宽 b(m)	垂线平均流速 Vm(m/s)	水位 Z(m)	时 «edh» 日 «edd»	β' Vm	β' Vm2	时 «emh» 分 «emis» 分	测速垂线号数	起点距（m）	部分水道断面宽 β(m)	测速垂线所占部分宽 β(m)	垂线平均流速 Vm(m/s)	水位 Z(m)	时 «avgh» 日 «avgd» 时 «avgm» 分	β' Vm	β' Vm2
«Tab	«o2»	«o3»	«o4»	«o5»	«o6»		«o7»	«o8»		«o9	«o10»	«o11»	«o12»	«o13»	«o14»		«o15»	«o16»«TableEnd»»

时 «bh» 分 «bmi» 分至 «bmix» 时 «bmis»

（平均）

时 «avgh» 日 «avgd» 时 «avgm» 分

附表 2-10

水面浮标法流量测验记载表

«YEAR» 年 «RVNM» «STNM»站水面浮标法流量测验记载表

测站编码：«STCD»　　流测号数：«QOBNO»

施测时间：«BDD»月«BD»日«BH»时«BMI»分 至 «EDD»日«EH»时«EMI»分 （平均 «AVGD»日«AVGH»时«AVGMI»分）

上下浮标断面间距：«BYDXSDC» M　　断面名称及位置：«XSNLO»　　借用断面施测号数：«XSQBNO»

水面情况：«TPST»　　计时方式：«TMWAY»　　天气：«RSS»　　出水高：«TQ»　　浮标投放方法：«BYTFFS»

断面虚流量	«XSFQ»	平均虚流速	«AVVB»	相应水位	«XYZ»
浮标系数	«BYK»	实测最大流速	«MAXVB»	浮标个数	«BYNUM»
断面流量	«XSQ»	水面宽	«TPWD»	水面比降	«RVSFSL»
水道断面	«XSAR»	平均水深	«AVDP»	糙率	«N»
死水面积	«DWAR»	最大水深	«MAXDP»	系数确定方法	«KWAY»

水尺名称	水尺编号	起始	平均	水尺读数(m)	水位(m)
基本	«BAND»	始：«BAEDR» 终：«BABGR»	«BAAVR»	«BALG»	«BAZ»
测流	«OBNO»	始：«OBEDR» 终：«OBDBGR»	«OBAVR»	«OBLG»	«OBZ»
上比降	«URDRNO»	始：«URDEDR» 终：«URDBGR»	«URDAVR»	«URDLG»	«URDZ»
下比降	«DRDNO»	始：«DRDEDR» 终：«DRDBGR»	«DRDAVR»	«DRDLG»	«DRDZ»

编号	特征	起点距 (m)	垂线号速 流速 (m/s)	历时 (m)	测深时分 (h:m)	测流断面水位 (m)	河底高程 (m)	应用水深 (m)	测深垂线间 (m) 两侧	平均水深	测深垂线面积 (m²) 部分	虚流速 (m/s) 垂线 平均	部分虚流量 (m³/s)

附表2-11

比降—面积法流量测验记载表

测站编码：«STCD»

施测时间：«YEAR» 年 月 日 时 分　　借用断面施测日期：月 日 时 分

流量计算公式：$Q = 1/n \cdot A \cdot i^{1/2} R^{2/3}$　　水力半径计算公式：$R = A/L$

断面名称及位置：　　上下比降断面间距： m　　天气：　　风向：　　风力：

流量施测号码：«QOBNO»　　借用断面施测号数：

«YEAR» 年 «RVNM» «STNM» 站比降—面积法流量测验记载表

断面流量	m³/s		水面宽	m
水道断面面积	m²		平均水深	m
平均流速	m/s		最大水深	m
水力半径	m		相应水位	m
水面比降	10^{-4}			

水位记录	水尺名称	水尺编号	水尺读数 (m)	零点高程 (m)	水位 (m)
	基本		往：　返：	平均：	
	上比降		往：　返：	平均：	
	中比降		往：　返：	平均：	
	下比降		往：　返：	平均：	

垂线号数	起点距 (m)	河底高程 (m)	测流断面水位 (m)	应用水深 (m)	测深垂线间平均水深 (m)	测深垂线间间距 x (m)	部分水道断面面积 (m²)	间距平方 (x²)	河底高程差 (|y|)	河底高程差平方 (y²)	部分湿周 L' ($\sqrt{x^2 + y^2}$)

附表2-12

声学多普勒流速仪流量测验记载表

«YEAR» 年 «RVNM» «STNM»站声学多普勒流速仪流量测验记载表

测站编码：«STCD»　　　　施测号数：

断面名称及位置			
时间	开始	结束	平均
测验方法	走航式 ADCP		
仪器型号	仪器编号	仪器使用次数	
断面流量 (m³/s)			
断面面积 (m²)			
平均流速 (m/s)			
最大流速 (m/s)			
平均水深 (m)			
最大水深 (m)			
水面宽 (m)			

水尺名称	水尺编号	零点高程 (m)	读数始 (m)	读数终 (m)	水位 (m)	相应水位 (m)
基本						
测流						

附表2-13

悬移质单样含沙量测验及处理记载簿

«YEAR» 年

«RVNM»　«STNM» 站悬移质单样含沙量测验及处理记载薄

测站编码：«STCD»

流域 «BSHNCD» 水系 «HNNM» 河名 «RVNM»

«ADMAG»

云南省水文水资源局«ADMNST»

附表2-14

悬移质单样含沙量测验及处理记载表

测站编码：《STCD》

取样断面位置：《STCD》

《YEAR》 年 《RVNM》 《STNM》站悬移质单样含沙量测验及处理记载表

施测断面位置：《DIb》 采样器型式：《CYQXS》 器皿：《CYQMS》 采样器容量：《CYQRL》 m1 取样方法：《SMT》

施测号		施测时间				基本水尺水位 (m)	起点距 (m)	测得水深 (m)	采样位置		器皿		编号		重量 (g)			单样含沙量 (kg/m^3)		
输沙率	单样水样	月	日	时	分				相对	测点深 (m)	盛水样器	滤纸	水样容器 (ml)	滤纸	滤纸+泥沙	泥沙	岸边系数	测点	垂线平均
《TableStart:o》《o1》	《o2》	《o3》	《o4》	《o5》	《o6》	《o7》	《o8》	《o9》	《o10》	《o11》	《o12》	《o13》	《o14》	《o15》	《o16》	《o17》	《o18》	《o19》	《o20》《TableEnd:o》

附表2-15

降水量蒸发量观测记载簿

«YEAR» 年

«RVNM» «STNM» 站降水量蒸发量观测记载薄

测站编码：«STCD»

流域 «BSHNCD» 水系 «HNNM» 河名 «RVNM»

«ADMAG»

云南省水文水资源局«ADMNST»

附表2-16

降水量蒸发量观测记载表

《YEAR》年 《RVNM》 《STNM》站降水量蒸发量观测记载表

雨量器型式：《RETP》 蒸发器型式：《EETP》

月	日期	日降水量 (mm)	观测时间	蒸发器水面高度 (mm)						溢流量		日蒸发量 (mm)	月	日期	日降水量 (mm)	观测时间	蒸发器水面高度 (mm)						溢流量		日蒸发量 (mm)
				加（汲）水前		平均	加（汲）水后		平均	量尺读数 (mm)	折合水深 (mm)						加（汲）水前		平均	加（汲）水后		平均	量尺读数 (mm)	折合水深 (mm)	
				1	2		1	2									1	2		1	2				
MTH《Table Start:o》《o1》		《o4》	《o5》	《o6》	《o7》	《o8》	《o9》	《o10》	《o11》	《o12》	《o13》	《o14》	MTH》	《o15》	《o18》	《o19》	《o20》	《o21》	《o22》	《o23》	《o24》	《o25》	《o26》	《o27》	《o28》《Table End:o》

月统计　月降水量：《p》　　降水日数：《PDYNUM》　　最大日降水量：《MXOYP》　　日期：《MXOYPODT》日

月蒸发量：《WSFE》　　最大日蒸发量：《MXOYE》　日期：《MXOYEODT》日　最小日蒸发量：《MNDYE》　日期：《MNDYEODT》日

附表3-1

水位、水文站一览表

年份：«YEAR»

站次	测站编码	水系	河名	流入河处	站名	站别	断面地点	坐标		至河口距离（km）	集水面积（km²）	设立日		冻结基面与绝对基面（假定）基面高差（m）	绝对基面（假定基面名称	领导机关	考证最近年份	附注
								东经	北纬			年	月					
«TableStart:«O1»»	«O2»	«O3»	«O4»	«O5»	«O6»	«O7»	«O8»	«O9»	«O10»	«O11»	«O12»	«O13»	«O14»	«O15»	«O16»	«O17»	«O18»	«O19»«TableEnd:O»

附表3-2

水位、水文站资料索引表

水位、水文站资料索引表

年份：«YEAR»

站次	河 名	站 名	逐日平均水位表	实测流量成果表	实测大断面成果表	逐日平均流量表	实测悬移质输沙率成果表	逐日平均悬移质输沙率表	逐日平均含沙量表	洪水含沙量摘录表	逐日水温表	逐日气温表	逐日降水量表	各时段最大降水量表(1)	各时段最大降水量表(2)
«TableStart:o»«o1»	«o2»	«o3»	«o4»	«o5»	«o6»	«o7»	«o8»	«o9»	«o10»	«o11»	«o12»	«o13»	«o14»	«o15»	«o16»«TableEnd:o»

附表3-3

降水量、水面蒸发量站一览表(含资料索引)

年份：«YEAR»

站次	测站编码	水系	河名	站名	站别	观测场地点	坐标		设立年份	测雨仪器			领导机关	资料索引								附注
							东经	北纬		绝对高程(m)	器口离地面高度(m)	型式		逐日降水量表		降水量摘录表	各时段最大降水量表(1)	各时段最大降水量表(2)	水面蒸发场说明表及平面图	逐日水面蒸发量表	水面蒸发辅助项目日年统计表	
														全年	汛期							
«TableStart=«o1»	«o2»	«o3»	«o4»	«o5»	«o6»	«o7»	«o8»	«o9»	«o10»	«o11»	«o12»	«o13»	«o14»«TableEnd»									

附表3-4

各站月年平均水位对照表

各 站 月 年 平 均 水 位 表

单位: «YEAR»

序号	测站编码	站名	一月	二月	三月	四月	五月	六月	七月	八月	九月	十月	十一月	十二月	年平均水位(m)	年最高水位(m)	发生日期 月	发生日期 日	年最低水位(m)	发生日期 月	发生日期 日
								水 位 (m)													
«TableStation01»	«o2»	«o3»	«o4»	«o5»	«o6»	«o7»	«o8»	«o9»	«o10»	«o11»	«o12»	«o13»	«o14»	«o15»	«o16»	«o17»	«o18»	«o19»	«o20»	«o21»	«o22»

附表 3-5

各站月年最高水位对照表

各站月年最高水位表

年份：《YEAR》

序号	测站编码	站名	一月	二月	三月	四月	五月	六月	七月	八月	九月	十月	十一月	十二月	年平均水位(m)	年最高水位(m)	发生日期 月	发生日期 日	年最低水位(m)	发生日期 月	发生日期 日
«TableStart o1»	«o2»	«o3»	«o4»	«o5»	«o6»	«o7»	«o8»	«o9»	«o10»	«o11»	«o12»	«o13»	«o14»	«o15»	«o16»	«o17»	«o18»	«o19»	«o20»	«o21»	«o22»«TableEnd o1»

月　最　高　水　位　（m）

附表3-6

各站月年最低水位对照表

序号	测站编码	站名	一月	二月	三月	四月	五月	六月	七月	八月	九月	十月	十一月	十二月	年平均水位 (m)	年最高水位 (m)	发生日期 月	日	年最低水位 (m)	发生日期 月	日
«Tabl eStar t0» «o1»	«o2»	«o3»	«o4»	«o5»	«o6»	«o7»	«o8»	«o9»	«o10»	«o11»	«o12»	«o13»	«o14»	«o15»	«o16»	«o17»	«o18»	«o19»	«o20»	«o21»	«o22 »«Ta bleE ndo »

年份：«YEAR»

各站月年最低水位表

附表3-7

各站月年平均流量对照表

年份：《YEAR》

序号	测站编码	站名	集水面积 (km²)	月平均流量 (m³/s)													年平均流量 (m³/s)	年径流量 (10⁶m³)	年径流深度 (mm)	年径流模数 [10⁻³m³/(s·km²)]	年最大流量 (m³/s)	发生日期		年最小流量 (m³/s)	发生日期	
				一月	二月	三月	四月	五月	六月	七月	八月	九月	十月	十一月	十二月						月	日		月	日
《Table Star to》《o1》	《o2》	《o3》	《o4》	《o5》	《o6》	《o7》	《o8》	《o9》	《o10》	《o11》	《o12》	《o13》	《o14》	《o15》	《o16》	《o17》	《o18》	《o19》	《o20》	《o21》	《o22》	《o23》	《o24》	《o25》	《o26》《Table End》《o》

附表3-8

各站月年最大流量对照表

年份：«YEAR»

序号	测站编码	站名	集水面积 (km²)	最 大 月 流 量 (m³/s)												年平均流量 (m³/s)	年径流量 (10⁸m³)	年径流深度 (mm)	年径流模数 [10⁻³m³/(s·km²)]	年最大流量 (m³/s)	发生日期		年最小流量 (m³/s)	发生日期	
				一月	二月	三月	四月	五月	六月	七月	八月	九月	十月	十一月	十二月						月	日		月	日
«TableStart:013»	«02»	«03»	«04»	«05»	«06»	«07»	«08»	«09»	«010»	«011»	«012»	«013»	«014»	«015»	«016»	«017»	«018»	«019»	«020»	«021»	«022»	«023»	«024»	«025»	«026»«TableEnd:013»

附表3-9

各站月年最小流量对照表

年份：«YEAR»

序号	测站编码	站名	集水面积 (km²)	月 最 小 流 量 (m³/s)												年平均流量 (m³/s)	年径流量 (10⁴m³)	年径流深度 (mm)	年径流模数 [10⁻³/(s·km²)]	年最大流量 (m³/s)	发生日期		年最小流量 (m³/s)	发生日期	
				一月	二月	三月	四月	五月	六月	七月	八月	九月	十月	十一月	十二月						月	日		月	日
«TableStom e01»	«o2»	«o3»	«o4»	«o5»	«o6»	«o7»	«o8»	«o9»	«o10»	«o11»	«o12»	«o13»	«o14»	«o15»	«o16»	«o17»	«o18»	«o19»	«o20»	«o21»	«o22»	«o23»	«o24»	«o25» «xTableEnd.o»	«o26» «xTableEnd.o»

附表3-10

各站时段最大洪水总量统计表

年份: «YEAR»

序号	测站编码	站名	集水面积(km²)	1天		3天		7天		15天		30天		60天	
				开始日期(月-日)	总量(10⁶m³)	开始日期(月-日)	总量(10⁶m³)	开始日期(月-日)	总量(10⁶m³)	开始日期(月-日)	总量(10⁶m³)	开始日期(月-日)	总量(10⁶m³)	开始日期(月-日)	总量(10⁶m³)
«TableStart:o1»	«o2»	«o3»	«o4»	«o5»	«o6»	«o7»	«o8»	«o9»	«o10»	«o11»	«o12»	«o13»	«o14»	«o15»	«o16»TableEnd»

附表3-11

各站月年平均输沙率对照表

年份：«YEAR»

序号	测站编码	站名	集水面积(km²)	一月	二月	三月	四月	五月	六月	七月	八月	九月	十月	十一月	十二月	年平均输沙率(kg/s)	年输沙量(10⁴t)	年输沙模数(t/km²)	年最大日平均输沙率(kg/s)	发生日期 月	发生日期 日
«TableStart ⊙»«O01»	«o2»	«o3»	«o4»	«o5»	«o6»	«o7»	«o8»	«o9»	«o10»	«o11»	«o12»	«o13»	«o14»	«o15»	«o16»	«o17»	«o18»	«o19»	«o20»	«o21»	«o22»«TableEnd ⊙»

各 站 月 年 平 均 输 沙 率 对 照 表

（月平均输沙率 kg/s）

附表3-12

各站月年平均含沙量对照表

年份：«YEAR»

各 站 月 年 平 均 含 沙 量 对 照 表

序号	测站编码	站名	集水面积(km²)	一月	二月	三月	四月	五月	六月	七月	八月	九月	十月	十一月	十二月	年平均流量(m³/s)	年平均含沙量(kg/m³)	年最大断面含沙量(kg/m³)	发生日期 月	发生日期 日	年最小断面含沙量(kg/m³)	发生日期 月	发生日期 日
«TableStart:O1»	«O2»	«O3»	«O4»	«O5»	«O6»	«O7»	«O8»	«O9»	«O10»	«O11»	«O12»	«O13»	«O14»	«O15»	«O16»	«O17»	«O18»	«O19»	«O20»	«O21»	«O22»	«O23»	«O24» »TableEnd:O3»

月年平均含沙量 (kg/m³)

附表3-13

各站月年水温对照表

各 站 月 年 平 均 水 温 对 照 表

单位：«YEAR»

序号	测站编码	站 名	一月	二月	三月	四月	五月	六月	七月	八月	九月	十月	十一月	十二月	年平均水温 (℃)	年最高水温 (℃)	发生日期 月	发生日期 日	年最低水温 (℃)	发生日期 月	发生日期 日

月 平 均 水 温 (℃)

«TableStartcoo1» | «o2» | «o3» | «o4» | «o5» | «o6» | «o7» | «o8» | «o9» | «o10» | «o11» | «o12» | «o13» | «o14» | «o15» | «o16» | «o17» | «o18» | «o19» | «o20» | «o21» | «o22»TableEndco o»

附表3-14

各站月年气温对照表

各站月年平均水温对照表

年份：«YEAR»

序号	测站编码	站名	一月	二月	三月	四月	五月	六月	七月	八月	九月	十月	十一月	十二月	年平均水温(℃)	年最高水温(℃)	发生日期 月	发生日期 日	年最低水温(℃)	发生日期 月	发生日期 日
«TableStart:o01»	«o02»	«o03»	«o04»	«o05»	«o06»	«o07»	«o08»	«o09»	«o10»	«o11»	«o12»	«o13»	«o14»	«o15»	«o16»	«o17»	«o18»	«o19»	«o20»	«o21»	«o22»«TableEnd:o01»

月 平 均 水 温 （℃）

附表3-15

各站月年降水量对照表

年份 «YEAR»   降水量 mm

序号	测站编码	站名	一月	二月	三月	四月	五月	六月	七月	八月	九月	十月	十一月	十二月	年降水量	年降水日数	一日最大 降水量	一日最大 发生日期 月	一日最大 发生日期 日	6-9月 降水量	6-9月 降水日数
«TableStart01»	«02»	«03»	«04»	«05»	«06»	«07»	«08»	«09»	«10»	«11»	«12»	«13»	«14»	«15»	«16»	«17»	«18»	«19»	«20»	«21»	«22»«TableEnd»

附表3-16

各站时段最大降水量统计表

年份：«YEAR»

序号	测站编码	站名	1天 开始日期（月-日）	1天 降水量（mm）	3天 开始日期（月-日）	3天 降水量（mm）	7天 开始日期（月-日）	7天 降水量（mm）	15天 开始日期（月-日）	15天 降水量（mm）	30天 开始日期（月-日）	30天 降水量（mm）	全年 降水日数	全年 降水量（mm）
«TableStart»«o1»	«o2»	«o3»	«o4»	«o5»	«o6»	«o7»	«o8»	«o9»	«o10»	«o11»	«o12»	«o13»	«o14»	«o15»«TableEnd:o»

附表3-17

各站月年水面蒸发量对照表

年份：«YEAR»

序号	测站编码	站名	月水面蒸发量 (mm)												年水面蒸发量 (mm)	年最大日蒸发 (mm)	发生日期		年最小日蒸发 (mm)	发生日期	
			一月	二月	三月	四月	五月	六月	七月	八月	九月	十月	十一月	十二月			月	日		月	日
«TableStart.co».o1»	«o2»	«o3»	«o4»	«o5»	«o6»	«o7»	«o8»	«o9»	«o10»	«o11»	«o12»	«o13»	«o14»	«o15»	«o16»	«o17»	«o18»	«o19»	«o20»	«o21»	«o22» »«TableEnd.o»

附表4-1

逐日平均水位表

逐日平均水位表

《NO》《RVNM》《STNM》站逐日平均水位表

年份:《YEAR》 测站编码:《STCD》   表内水位（冻结基面以上米数）+《DMEL》m=《FDTMNM》以上米数

日期	一月	二月	三月	四月	五月	六月	七月	八月	九月	十月	十一月	十二月
《TableStart:dz》《DA 31	《01》	《02》	《03》	《04》	《05》	《06》	《07》	《08》	《09》	《10》	《11》	《12》《TableEnd:dz》
《TableStart:dz_pool》《OPType》	《S1》	《S2》	《S3》	《S4》	《S5》	《S6》	《S7》	《S8》	《S9》	《S10》	《S11》	《S12》《TableEnd:dz_pool》
年统计	最高水位	《YDZMAX》		《YDZMAXTM》		最低水位	《YDZMIN》		《YDZMINTM》		平均水位	《YDZAVG》
各种保证率水位	最高 《BZL1》	第15天 《BZL15》	第30天 《BZL30》	第90天 《BZL90》	第180天 《BZL180》	第270天 《BZL270》	最低 《BZLLast》					
附 注	《NT1》											

附表 4-2

洪水水位摘录表

«YEAR»年 «RVNM» «STNM»站洪水水位摘录表

测站编码：«STCD»

月	日	时:分	水 位 (m)	月	日	时:分	水 位 (m)	月	日	时:分	水 位 (m)	月	日	时:分	水 位 (m)	月	日	时:分	水 位 (m)
«TableStart:fl	«2»	«3»	«4»	«5»	«6»	«7»	«8»	«9»	«10»	«11»	«12»	«13»	«14»	«15»	«16»	«17»	«18»	«19»	«20»«TableEnd:floodlevel»

附表4-3

实测流量成果表

《YEAR》年　《RVNM》　《STNM》站实测流量成果表

测站编码：《STCD》

施测号数	施测时间				断面位置	测验方法	基本水尺水位(m)	流量(m³/s)	断面面积(m²)	流速(m/s)		水面宽(m)	水深(m)		水面比降(10⁻⁴)	糙率	附注
	月	日	起 止							平均	最大		平均	最大			
			时:分	时:分													
《TableStart:o1》	《o2》	《o3》	《o4》	《o5》	《o6》	《o7》	《o8》	《o9》	《o10》	《o11》	《o12》	《o13》	《o14》	《o15》	《o16》	《o17》	《o18》《TableEnd:o》

说明：

附表 4-4

实测大断面成果表

《NO》《RVNM》《STNM》站实测大断面成果表

年份：《YEAR》　测站编码：《STCD》

施测号数：《VTNO》			断面名称及位置：《XSNMLC》			施测日期：《ODBT》			测时水位：《ODBRZ》 m					
垂线号	起点距（m）	河底高程（m）	垂线号	起点距（m）	河底高程（m）	垂线号	起点距（m）	河底高程（m）	垂线号	起点距（m）	河底高程（m）	垂线号	起点距（m）	河底高程（m）
《TableStart:ddm》《1》	《2》	《3》	《4》	《5》	《6》	《7》	《8》	《9》	《10》	《11》	《12》	《13》	《14》	《15》《tableEnd:ddm》
《NT1》														

附表 4-5

逐日平均流量表

逐日平均流量表

《NO》《RVNM》《STNM》站逐日平均流量表

年份:《YEAR》 测站编码:《STCD》

集水面积:《DRAB》km²   流量:m³/s

日期	一月	二月	三月	四月	五月	六月	七月	八月	九月	十月	十一月	十二月
《TableStart:dq»《DAY》	《01》	《02》	《03》	《04》	《05》	《06》	《07》	《08》	《09》	《10》	《11》	《12»《tableEnd:dq»》
《TableStart:dq_pool»《OPType》	《S1》	《S2》	《S3》	《S4》	《S5》	《S6》	《S7》	《S8》	《S9》	《S10》	《S11》	《S12»《tableEnd:dq_pool》
年统计	最大流量 《YDQMAX》		《YDQMAXTM》		最小流量 《YDQMIN》			《YDQMINTM》		平均流量 《YDQAVG》		
	径流量 《Runoff》		10⁸m³		径流模数 《RunoffModulus》		10⁻³m³/(s·km²)			径流深度 《RunoffDepth》		mm
附注	《NT1》											

附表 4-6

洪水水文要素摘录表

《YEAR》年　《RVNM》　《STNM》站洪水水文要素摘录表

测站编码：《STCD》

月	日	时:分	水位(m)	流量(m³/s)	月	日	时:分	水位(m)	流量(m³/s)	月	日	时:分	水位(m)	流量(m³/s)	月	日	时:分	水位(m)	流量(m³/s)
《TableStart:floodhy》《1》	《2》	《3》	《4》	《5》	《6》	《7》	《8》	《9》	《10》	《11》	《12》	《13》	《14》	《15》	《16》	《17》	《18》	《19》	《20》《TableEnd:floodhy》

附表 4-7

实测悬移质输沙率成果表

《YEAR》年 《RVNM》 《STNM》站实测悬移质输沙率成果表

测站编码：《STCD》

施测号数		施测时间				流量 (m³/s)	断面输沙率 (kg/s)	含沙量 (kg/m³)		测验方法		附注
输沙率	流量	月	日	起 时:分	止 时:分			断面平均	单样	断面平均含沙量	单样含沙量	

附表 4-8

逐日平均悬移质输沙率表

逐日平均悬移质输沙率表

《NO》《RVNM》《STNM》站逐日平均悬移质输沙率表

年份：《YEAR》　　测站编码：《STCD》　　　　　　　　　　　　　　　集水面积《DRAR》km²，输沙率 kg/s

日期	一月	二月	三月	四月	五月	六月	七月	八月	九月	十月	十一月	十二月
《TableStart:dqs》《DAY》	《01》	《02》	《03》	《04》	《05》	《06》	《07》	《08》	《09》	《10》	《11》	《12》《tableEnd:dqs》
《TableStart:dqs_pool》《OPType》	《S1》	《S2》	《S3》	《S4》	《S5》	《S6》	《S7》	《S8》	《S9》	《S10》	《S11》	《S12》《tableEnd:dqs_pool》

年统计	最大日平均输沙率 《MXDYQS》		《MXDYQSODT》		平均输沙率 《AVQS》		
	输 沙 量 《SW》		10⁴t		输沙模数 《SM》		t/km²
附 注	《NT1》						

附表 4-9

逐日平均含沙量表

逐日平均含沙量表

《NO》《RVNM》《STNM》站逐日平均含沙量表

年份：《YEAR》　　测站编码：《STCD》　　　　　　　　　　　　　　　　　　　　　　含沙量 kg/m³

日期	一月	二月	三月	四月	五月	六月	七月	八月	九月	十月	十一月	十二月
《TableStartdcs》《DAY》	《01》	《02》	《03》	《04》	《05》	《06》	《07》	《08》	《09》	《10》	《11》	《12》《tableEnddcs》
《TableStartdcs_pool》《QPType》	《S1》	《S2》	《S3》	《S4》	《S5》	《S6》	《S7》	《S8》	《S9》	《S10》	《S11》	《S12》《tableEnddcs_pool》

年统计	平均流量	《UQ》	m³/s	平均输沙率	《UQS》	kg/s	平均含沙量	《UCS》
	最大断面平均含沙量	《XCS》	《XCSDT》		最小断面平均含沙量	《NCS》	《NCSDT》	

附注	《NT1》

附表 4-10

洪水含沙量摘录表

《YEAR》年 《RVNM》 《STNM》站洪水含沙量摘录表

测站编码：《STCD》

月	日	时:分	含沙量 (kg/m³)	月	日	时:分	含沙量 (kg/m³)	月	日	时:分	含沙量 (kg/m³)	月	日	时:分	含沙量 (kg/m³)	月	日	时:分	含沙量 (kg/m³)
《TableStart:o》《o1》	《o2》	《o3》	《o4》	《o5》	《o6》	《o7》	《o8》	《o9》	《o10》	《o11》	《o12》	《o13》	《o14》	《o15》	《o16》	《o17》	《o18》	《o19》	《o20》

附表4-11

逐日水温表

逐日水温表

《NO》《RVNM》《STNM》站逐日水温表

年份:《YEAR》　　测站编码:《STCD》

水温 ℃

日期	一月	二月	三月	四月	五月	六月	七月	八月	九月	十月	十一月	十二月
《TableStart:dwt》《DAY》	《01》	《02》	《03》	《04》	《05》	《06》	《07》	《08》	《09》	《10》	《11》	《12》《tableEnd:dwt》
《TableStart:dwt_pool》《OPType》	《S1》	《S2》	《S3》	《S4》	《S5》	《S6》	《S7》	《S8》	《S9》	《S10》	《S11》	《S12》《tableEnd:dwt_pool》
年统计	最高水温 《YDWTMax》		《YDWTMAXTM》		最低水温 《YDWTMIN》		《YDWTMINTM》		平均水温 《YDWTAVG》			
附　注	《NT1》											

附表4-12

逐日气温表

逐日气温表

《NO》《RVNM》《STNM》站逐日气温表

年份：《YEAR》   测站编码：《STCD》   气温 ℃

日期	一月	二月	三月	四月	五月	六月	七月	八月	九月	十月	十一月	十二月
«TableStart:dst»«DAY»	«01»	«02»	«03»	«04»	«05»	«06»	«07»	«08»	«09»	«10»	«11»	«12»«tableEnd:dst»
«TableStart:dst_pool»«OPType»	«S1»	«S2»	«S3»	«S4»	«S5»	«S6»	«S7»	«S8»	«S9»	«S10»	«S11»	«S12»«tableEnd:dst_pool»
年统计	最高气温	«YDSTMax»		«YDSTMAXTM»	最低气温	«YDSTMIN»		«YDSTMINTM»	平均气温	«YDSTAVG»		
附 注	«NT1»											

附表4-13

逐日降水量表

《NO》《RVNM》《STNM》站 逐日降水量表

年份：《YEAR》　　测站编码：《STCD》　　　　　　　　　　　　　　　　　　　降水量　mm

日期	一月	二月	三月	四月	五月	六月	七月	八月	九月	十月	十一月	十二月
《TableStart:dp》《day》	《01》	《02》	《03》	《04》	《05》	《06》	《07》	《08》	《09》	《10》	《11》	《12》《TableEnd:dp》
《TableStart:dp_pool》《OPType》	《S1》	《S2》	《S3》	《S4》	《S5》	《S6》	《S7》	《S8》	《S9》	《S10》	《S11》	《S12》《tableEnd:dp_pool》

年统计	降水量 《YrRainSum》		降水日数 《YrRainDay》		
	时段 (d)	1	3	7	15	30
	最大降水量	《Max1》	《Max3》	《Max7》	《Max15》	《Max30》
	开始月一日	《Begin1》	《Begin3》	《Begin7》	《Begin15》	《Begin30》

附注	《NT1》

附表4-14

降水量摘录表

《YEAR》年　《RVNM》　《STNM》站降水量摘录表

测站编码：《STCD》

月	日	起 时:分	止 时:分	降水量 （mm）	月	日	起 时:分	止 时:分	降水量 （mm）	月	日	起 时:分	止 时:分	降水量 （mm）	月	日	起 时:分	止 时:分	降水量 （mm）
《Table Start:T》《M1》	《D1》	《B1》	《E1》	《DRP1》	《M2》	《D2》	《B2》	《E2》	《DRP2》	《M3》	《D3》	《B3》	《E3》	《DRP3》	《M4》	《D4》	《B4》	《E4》	《DRP4》《TableEnd:T》

附表4-15

各时段最大降水量表(1)

各 时 段 最 大 降 水 量 表 (1)

年份: «YEAR»   时段 min

站次	测站编码	站 名	10	20	30	45	1×60	1.5×60	2×60	3×60	4×60	6×60	9×60	12×60	24×60
			降 水 量 (mm)												
			开 始 月-日												
«TableStart:o»«o1»	«o16»	«o2»	«o3»	«o4»	«o5»	«o6»	«o7»	«o8»	«o9»	«o10»	«o11»	«o12»	«o13»	«o14»	«o15»«tableEnd:o»

附表4-16

各时段最大降水量表（2）

各 时 段 最 大 降 水 量 表 （2）

年份：«YEAR»   时段 h

站次	测站编码	站 名	1			2			3			6			12			24		
			降水量(mm)	开 始		降水量(mm)	开 始		降水量(mm)	开 始		降水量(mm)	开 始		降水量(mm)	开 始		降水量(mm)	开 始	
				月	日		月	日		月	日		月	日		月	日		月	日
«TableStart:o»«o1»	«o21»	«o2»	«o3»	«o4»	«o5»	«o6»	«o7»	«o8»	«o9»	«o10»	«o11»	«o12»	«o13»	«o14»	«o15»	«o16»	«o17»	«o18»	«o19»	«o20»«tableEnd:o»

附表4-17

逐日水面蒸发量表

逐日水面蒸发量表

«NO» «RVNM» «STNM»站逐日水面蒸发量表

年份：«YEAR»　测站编码：«STCD»　　　蒸发器位置特征：陆上水面蒸发场　　　蒸发器型式：«EETP»　　　水面蒸发量　mm

日期	一月	二月	三月	四月	五月	六月	七月	八月	九月	十月	十一月	十二月
«TableStart:dwe»«day»	«01»	«02»	«03»	«04»	«05»	«06»	«07»	«08»	«09»	«10»	«11»	«12»«TableEnd:dwe»
«TableStart:dwe_pool»«OPType»	«S1»	«S2»	«S3»	«S4»	«S5»	«S6»	«S7»	«S8»	«S9»	«S10»	«S11»	«S12»«tableEnd:dwe_pool»
年统计	水面蒸发量　«YDWESUM»				最大日水面蒸发量　«YDWEMAX»　«YDWEMAXTM»				最小日水面蒸发量　«YDWEMIN»　«YDWEMINTM»			
	终　冰　«LASTICE»　«LASTICETM»					初　冰　«FIRSTICE»　«FIRSTICETM»						
附　注	«NT1»											

参 考 文 献

1.李自顺,方绍东.微机整编水文资料软件使用手册.昆明:云南省水文水资源局,2000.

2.李自顺,方绍东,等.《微机整编水文资料软件》功能与使用[J].昆明:云南水利水电,2005(2).

3.李自顺.水文信息处理软件开发问题思考[J].昆明:云南水利水电,2006(1).

4.李自顺,尹柄槐,等.云南省水文资料整编补充规定.昆明:云南省水文水资源局,2009.

5.李自顺,陈玉斌,等.云南省水文资料装订规定.昆明:云南省水文水资源局,2012.

6.李自顺,陈玉斌,等.云南省水库水文资料整编汇编刊印规定.昆明:云南省水利厅,2013.

7.李自顺,尹炳槐,等.水文年鉴排版集成系统使用手册.昆明:云南省水文水资源局,2013.

8.李自顺.云南省水文年鉴刊印沿革与思考[J].广州:人民珠江,2017(38-229).

9.李自顺.水文资料整编软件沿革及展望[J].蚌埠:治淮,2017(5).

10.李自顺,陈玉斌.《水文年鉴排版集成系统》的研制与应用[J].广州:人民珠江,2017(6).

11.李自顺.水文年鉴排版集成系统设计[M].天津:天津科学技术出版社,2017.

12.李自顺,陈玉斌,等.水文资料整编及数据入库设计程序[M].天津:天津科学技术出版社,2017.

13.陈玉斌,李自顺.水文资料在线整编系统使用手册.昆明:云南省水文水资源局,2018.

14.李自顺.《水文资料在线整编系统》设计简介[J].昆明:云南水文水资源,2018(2).

15.李自顺.《水文资料人工测验数据填报处理系统》设计简介[J].昆明:云南水文水资源,2018(3).

16.李自顺.水文资料在线整编系统设计[J].天津:海河水利,2018(6).

17.李自顺,陈玉斌,等.水文资料在线整编系统设计[M].芒市:德宏民族出版社,2019.

18.陈玉斌.水文资料人工测验数据处理系统设计与应用[J].武汉:水利水电快报,2019(4).

19.陈玉斌,李自顺,等.水文资料人工测验数据填报处理系统设计[M].芒市:德宏民族出版社,2019.

20.李自顺,陈玉斌,等.《水文资料在线整编系统》应知应会手册.昆明:云南省水文水资源局,2019.

21.陈绍祥,李增国.《水文资料在线数据系统》使用手册.昆明:云南省水文水资源局,2019.

22.李自顺.动态水位流量关系曲线绘制[J].昆明:云南水文水资源,2019(2).

23.李自顺.《水文资料在线整编系统》设计思想简述[J].昆明:云南水文水资源,2019(3).

24.李自顺,陈玉斌,等.《云南数字水文》(YN-2020).昆明:云南省水文水资源局,2020.

25.李自顺,陈玉斌,等.《云南数字水文系统》使用手册.昆明:云南省水文水资源局,2020.

26.李自顺,陈玉斌,等.《水文资料在线整编规范》(YN-2020).昆明:云南省水文水资源局,2020.

27.李增国,陈绍祥.《水文资料在线应用系统》使用手册.昆明:云南省水文水资源局,2020.

28.李自顺,陈玉斌,等.《水文资料在线整编系统》质量控制[J].昆明:云南水文水资源,2020(2).

29.李自顺,陈玉斌,等.《水文资料在线整编系统》理论与实践[J].昆明:云南水文水资源,2020(2).

30.李自顺,陈玉斌,等.水文资料整编的改革创新历程[J].昆明:云南水文水资源,2020(4).

31.李自顺,李红明,陈玉斌,等.《云南数字水文系统》架构和实施[J].天津:海河水利,2021(3).

32.李诚,李增国,等.水文资料在线应用系统[J].昆明:云南水文水资源,2021(2).

33.李诚,陈绍祥,等.水文资料在线数据系统[J].昆明:云南水文水资源,2021(2).

34.和春花,李自顺.单一曲线是多条临时曲线符合合并定线的并集[J].昆明:云南水文水资源,2021(3).

35.陈绍祥,李诚,等.水文资料在线数据系统设计[J].昆明:云南水文水资源,2021(3).

36.李增国,李诚,等.水文资料在线应用系统设计[J].昆明:云南水文水资源,2021(4).

37.李自顺,陈玉斌,等.水文资料数据库系统设计.昆明:云南省水文水资源局,2021.

38.李自顺,陈玉斌,等.《水文资料数据库系统》使用手册.昆明:云南省水文水资源局,2021.

39.季克强,李自顺,等.水文测站在线视频平台设计.昆明:云南省水文水资源局,2021.

40.李自顺,陈玉斌,等.水文监测资料汇交规范(YN-2021).昆明:云南省水文水资源局,2021.

41.季克强.《水文测站在线视频平台》使用手册.昆明:云南省水文水资源局,2021.

42.李自顺,陈玉斌.云南数字水文[J].昆明:云南水文水资源,2022(2).

43.李自顺,陈玉斌,等.水文测站编码规定(YN-2022).昆明:云南省水文水资源局,2022.

后　记

　　《云南数字水文系统》的设计、开发及出版是所有编排设计者将下列工作理念贯彻落实到每一个具体环节、每一个实际行动的结果。《云南数字水文系统》工作目标、理念、责任、内容涉及思想、行动、理论、实践等各个方面。

　　《云南数字水文系统》的贯彻落实保障了系统的良性循环,一方面工作任务得到高效完成,一方面工作质量得到较好控制。认识系统必须认识理念,没有理念的系统是没有灵魂的躯壳。要真正应用好《云南数字水文系统》,不仅要掌握系统自身技术问题,更是要将工作理念贯彻落实到系统具体应用的过程中,用实时、唯一、精准的成果数据作为检验答案。

　　"云南数字水文"内容增加、拓展及演变将远远超出现有的认知,科技进步的发展一定会进一步打破常规并突破制约发展的传统习俗,这是最基本的现实及未来的趋势。总之,发展是必然。

　　愿各位使用《云南数字水文系统》便捷高效,愉快开心!